EUROPEAN GIRLS'
MATHEMATICAL OLYMPIAD

欧洲女子
数学奥林匹克

● 刘培杰数学工作室　编

$$\sum_{k=1}^{5} k x_k = a$$

$$\sum_{k=1}^{5} k^3 x_k = a^2$$

$$\sum_{k=1}^{5} k^5 x_k = a^3$$

哈爾濱工業大學出版社
HARBIN INSTITUTE OF TECHNOLOGY PRESS

内容简介

欧洲女子数学奥林匹克是一项国际性数学赛事,每个参赛国家将派出一支由四名女性参赛选手组成的队伍参加比赛,并在每年由各国轮流进行赛事举办.本书汇集了 2012 年到 2023 年历届欧洲女子数学奥林匹克竞赛试题,并给出了其解答.

本书适合数学奥林匹克竞赛选手、教练员、高等院校相关专业研究人员及数学爱好者参考阅读.

图书在版编目(CIP)数据

欧洲女子数学奥林匹克/刘培杰数学工作室编. —
哈尔滨:哈尔滨工业大学出版社,2024.4
ISBN 978 - 7 - 5767 - 1331 - 2

Ⅰ.①欧…　Ⅱ.①刘…　Ⅲ.①数学－竞赛题　Ⅳ.
①O1

中国国家版本馆 CIP 数据核字(2024)第 073565 号

OUZHOU NÜZI SHUXUE AOLINPIKE

策划编辑　刘培杰　张永芹
责任编辑　刘家琳　李　烨
封面设计　孙茵艾
出版发行　哈尔滨工业大学出版社
社　　址　哈尔滨市南岗区复华四道街 10 号　邮编 150006
传　　真　0451－86414749
网　　址　http://hitpress.hit.edu.cn
印　　刷　辽宁新华印务有限公司
开　　本　787 mm×1 092 mm　1/16　印张 6.75　字数 98 千字
版　　次　2024 年 4 月第 1 版　2024 年 4 月第 1 次印刷
书　　号　ISBN 978 - 7 - 5767 - 1331 - 2
定　　价　48.00 元

目录 ▌ **Contest**

❶ 如图 1 所示,点 O 是 $\triangle ABC$ 的外心,点 D,E,F 分别在线段 BC,CA,AB 上,使得 $DE \perp CO$,$DF \perp BO$. 设 K 为 $\triangle AFE$ 的外心,证明:$DK \perp BC$.

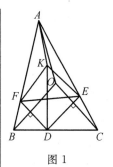

图 1

证明 设 l_c 是过点 C 与 $\triangle ABC$ 的外接圆相切的切线.

由于 $CO \perp l_c$,因此,$l_c /\!/ DE$.

从而,$\angle CDE = \angle(BC,l_c) = \angle BAC$.

所以,B,D,E,A 四点共圆.

同理,C,D,F,A 四点共圆.

故 $\angle CDE = \angle BAC = \angle FDB$.

又 K 是 $\triangle AFE$ 的外心,则

$$\angle EDF = 180° - 2\angle EAF = 180° - \angle EKF.$$

所以,E,D,F,K 四点共圆.

故 $\angle EDK = \angle EFK = \angle KEF = \angle KDF$.

又由 $\angle CDE = \angle FDB$,从而,$DK \perp BC$.

❷ 设 n 是一个给定的正整数,求最大的正整数 m,使得具有如下性质:存在一张 m 行 n 列的实数数表,满足对任意两行数
$$[a_1,a_2,\cdots,a_n] \text{ 和 } [b_1,b_2,\cdots,b_n]$$
均有
$$\max\{\,|\,a_1-b_1\,|,\,|\,a_2-b_2\,|,\cdots,\,|\,a_n-b_n\,|\,\}=1.$$

解 $m=2^n$.

分两步证明.

(1) 先证明:$m \leqslant 2^n$,对 n 应用数学归纳法.

(i)$n=1$ 的情形是显然成立的.

(ii) 当 $n>1$ 时,设数表中第一列最小的数为 a,则第一列中所有数均属于 $[a,a+1]$.

将数表中的行分成 A,B 两部分,其中,$A=\{[a_1,a_2,\cdots,a_n]\mid a_1=a\}$,即第一个元素为 a 的行构成的集合,$B=\{[a_1,a_2,\cdots,a_n]\mid$

$a_1 \in (a, a+1]\}$.

对于 A 中的元素,由于 a_1 均相同,于是,转化为 $n-1$ 的情形,从而,$|A| \leqslant 2^{n-1}$.

对于 B 中的两个元素 $[b_1, b_2, \cdots, b_n]$ 和 $[c_1, c_2, \cdots, c_n]$,因为 $b_1, c_1 \in (a, a+1)$,所以,$|b_1 - c_1| < 1$. 因此

$$1 = \max\{|b_1 - c_1|, |b_2 - c_2|, \cdots, |b_n - c_n|\}$$
$$= \max\{|b_2 - c_2|, |b_3 - c_3|, \cdots, |b_n - c_n|\}.$$

从而,转化为了 $n-1$ 的情形,则 $|B| \leqslant 2^{n-1}$,故 $m = |A| + |B| \leqslant 2^n$.

(2) 再说明:$m = 2^n$ 是可以取到的.

令 $S = \{[a_1, a_2, \cdots, a_n] \mid a_i \in \{0,1\}, 1 \leqslant i \leqslant n\}$,则 S 中有 2^n 个元素,将 S 中的元素作为行可以得到满足条件的数表.

❸ 求所有的函数 $f : \mathbf{R} \to \mathbf{R}$,使得对任意的 $x, y \in \mathbf{R}$ 有
$$f(yf(x+y) + f(x)) = 4x + 2yf(x+y)$$
成立.

解　取 $y = 0$,得 $f(f(x)) = 4x$,则 f 为单射.

由
$$f(0) = f(4 \times 0) = f(f(f(0))) = 4f(0) \Rightarrow f(0) = 0.$$

取 $x = 0, y = 1$,得
$$2f(1) = f(f(1)) = 4$$
$$\Rightarrow f(1) = 2$$
$$\Rightarrow f(2) = f(f(1)) = 4.$$

取 $y = 1 - x$,得
$$f((1-x)f(1) + f(x)) = 4x + 2(1-x)f(1)$$
$$\Rightarrow f(2(1-x) + f(x)) = 4 = f(2)$$
$$\Rightarrow 2(1-x) + f(x) = 2$$
$$\Rightarrow f(x) = 2x.$$

经检验,$f(x) = 2x$ 满足要求.

❹ 若整数集合 $A \subseteq A + A$,其中,
$$A + A = \{a + b \mid a \in A, b \in A\},$$
则称 A 为"饱和的";若除 0 外的所有整数都是整数集合 A 的某个非空有限子集中所有元素的和,则称集合 A 为"自由的". 问:是否存在一个整数集合既是饱和的又是自由的?

解　存在整数集合既是饱和的又是自由的.

取整数集合

$$A = \{(-1)^n F_n \mid n \in \mathbf{N}, n \geqslant 2\},$$

其中,$\{F_n\}$ 为斐波那契数列,即

$$F_1 = F_2 = 1, F_{n+2} = F_{n+1} + F_n (n \in \mathbf{N}_+).$$

由 $F_n = -F_{n+1} + F_{n+2}$,故

$$(-1)^n F_n = (-1)^{n+1} F_{n+1} + (-1)^{n+2} F_{n+2},$$

则整数集合 A 是饱和的.

(1) 易验证斐波那契数列 $\{F_n\}$ 满足:

(i) $\sum\limits_{i=1}^{n} F_{2i} = F_{2n+1} - 1 (n \in \mathbf{N}_+)$.

(ii) $\sum\limits_{i=2}^{n} F_{2i-1} = F_{2n} - 1 (n \in \mathbf{N}_+, n \geqslant 2)$.

(2) 利用数学归纳法证明:对任意 $n \geqslant 2$,对于整数 $k \in [1, F_{2n+1} - 1]$,都存在集合 A 的一个有限子集 $\{a_1, a_2, \cdots, a_m\}$,使得

$$k = a_1 + a_2 + \cdots + a_k (\mid a_k \mid < F_{2n+1}).$$

当 $n = 2$ 时,由

$$1 = 1, 2 = 3 + 1 - 2, 3 = 3, 4 = 3 + 1$$

知结论成立.

假设结论对于 $n = k$ 成立.

下面考虑当 $n = k + 1$ 时,对任何整数

$$m \in [F_{2k+1}, F_{2k+3}]$$

进行讨论.

若 $m < F_{2k+2}$,则

$$m = F_{2k+2} + \overline{m} (\overline{m} \in (-F_{2k+1}, 0))$$
$$\Rightarrow \overline{m} = -F_{2k+1} + m' (m' \in [1, F_{2k+1})).$$

由归纳假设,知 m' 可以表示为集合 A 中有限个绝对值小于 F_{2k+1} 的元素的和.

因为 $m = F_{2k+2} - F_{2k+1} + m'$,所以,$m$ 可以表示为集合 A 中有限个绝对值小于 F_{2k+3} 的元素的和.

若 $m = F_{2k+2}$,结论也成立.

当 $F_{2k+2} < m < F_{2k+3}$ 时,则

$$m = F_{2k+2} + m' (m' \in [1, F_{2k+1})).$$

由归纳假设,知 m 可以表示为集合 A 中有限个绝对值小于 F_{2k+3} 的元素的和.

所以,当 $n = k + 1$ 时,结论也成立.

由于斐波那契数列是无界的,因此,每一个正整数都可以表示成集合 A 的一个有限子集中所有元素的和.

对于负整数也可以类似证明.

(3) 最后证明:0 不能表示成集合 A 的一个有限子集中所有元素的和.

假设存在一个有限集合 $B \subseteq A$，使得 B 中所有元素的和为 0，记

$$B^- = \{b \in B \mid b < 0\},$$
$$B^+ = \{b \in B \mid b > 0\},$$
$$b_1 = \max B^+, b_2 = \min B^-.$$

不妨设 $|b_1| > |b_2|$，令 $b_1 = F_{2j}, b_2 = -F_{2i+1}$，则 $j > i \geqslant 1$，故

$$B^- \text{ 中所有元素的和} \geqslant -F_3 - F_5 - \cdots - F_{2i+1}$$
$$= -F_{2i+2} + 1$$
$$\geqslant -F_{2j} + 1.$$

由此 B 中所有元素的和不小于 1，矛盾.

从而，0 不能表示成集合 A 的一个有限子集中所有元素的和.

由 (1)(2)(3) 知整数集合 A 是自由的，故整数集合 A 满足要求.

---

⑤ 设 p, q 是质数，n 是正整数，满足

$$\frac{p}{p+1} + \frac{q+1}{q} = \frac{2n}{n+2},$$

求 $q - p$ 所有可能的值.

解　等式两边同时减去 2 得

$$\frac{1}{p+1} - \frac{1}{q} = \frac{4}{n+2}. \tag{①}$$

由于 n 是正整数，故等式左边大于 0.

因此，$q > p + 1$.

又由于 q 是质数，则 $(q, p+1) = 1$.

对式 ① 通分得

$$\frac{q - p - 1}{q(p+1)} = \frac{4}{n+2},$$

易知

$$(q, q - p - 1) = (q, p + 1) = 1,$$
$$(p + 1, q - p - 1) = (p + 1, q) = 1.$$

因此，等式左边是最简分数.

所以，$q - p - 1$ 是 4 的约数.

故 $q - p - 1 = 1, 2, 4 \Rightarrow q - p = 2, 3, 5$.

经验证，以上情形分别在

$$(p, q, n) = (3, 5, 78), (2, 5, 28), (2, 7, 19)$$

时取得.

⑥ 无限多的人参加某社交网站,其中的一些人员配对是朋友,即每人至少有一个朋友,至多有有限个朋友(朋友关系是对称的,若 A 是 B 的朋友,则 B 也是 A 的朋友).每一个人都要指定一个朋友作为自己的"挚友",这种指定不影响对方对于挚友的选择,即 A 选择了 B 为挚友并不意味着 B 要选择 A 作为自己的挚友.被某人指定为挚友的人被称作一阶挚友.更一般地,被某 $n-1$ 阶挚友指定为挚友的人是 n 阶挚友.若某人是任意正整数阶挚友,则称他是"受欢迎的".证明:

(1) 每个受欢迎的人都是某个受欢迎的人的挚友.

(2) 若每个人可以有无限个朋友,则某个受欢迎的人可能不是任意受欢迎的人的挚友.

证明 (1) 对于任意人员 A,记 $f(A)$ 为 A 的挚友.

令 $f^0(A)=A$,$f^{k+1}(A)=f(f^k(A))$,所以,任意一位 k 阶挚友必然属于某人 A 的 $f^k(A)$.

令 X 是一个受欢迎的人.对任意的正整数 k,令 x_k 为满足 $f^k(x_k)=X$ 的一个人.

由于 X 的朋友数是有限的,因此,必有无限多个 k,使得 $f^{k-1}(x_k)$(他们都指定 X 为自己的挚友)是同一个人,此人也是受欢迎的人(这是因为对任意的 $l<k$,k 阶挚友一定是 l 阶挚友).

(2) 当每个人可以有无限多个好友时,可以将人员标号为 X_i,$P_{i,j}(i\leqslant j)$.X_i 指定 X_{i+1} 为自己的挚友,$P_{i,i}$ 指定 X_1 为自己的挚友,$P_{i,j}$ 指定 $P_{i+1,j}$ 为自己的挚友$(i<j)$,则所有的 X_i 都是受欢迎的人,但 X_1 不是任何一个受欢迎的人的挚友.

⑦ 圆 Γ 是锐角 $\triangle ABC$ 的外接圆,H 为垂心,K 是劣弧 $\overparen{BC}$ 上的一点,L,M 分别是点 K 关于直线 AB,BC 的对称点,E 是 $\triangle LBM$ 的外接圆与圆 Γ(除点 B 外)的另一个交点.证明:KH,EM,BC 三线共点.

证明 如图 2 所示.

由 E,M,B,L 四点共圆知
$$\angle BEM=\angle BLM.$$
由于 $BK=BL=BM$,故
$$\angle BLM=90°-\frac{1}{2}\angle MBL$$
$$=90°-\left(180°-\frac{1}{2}\angle LBK-\frac{1}{2}\angle KBM\right)$$

$$= \frac{1}{2}(\angle LBK + \angle KBM) - 90°$$

$$= 180° - \angle ABC - 90°$$

$$= 90° - \angle ABC,$$

则 $\angle BEM = \angle BLM = \angle BAH$，所以，$EM$ 的延长线与 AH 的延长线的交点 N 在圆 Γ 上．

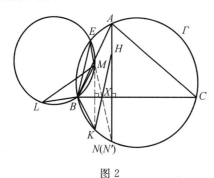

图 2

点 H 关于 BC 的对称点 N' 也在圆 Γ 上，因此，点 N 与 N' 重合．

从而，BC 是 HN 和 MK 的垂直平分线，即 KH，EM，BC 三线共点．

---

8 单词是字母表中字母的有限序列．若某单词是由至少两个完全相同的子单词串联而成，则称为"重复的"（如 $ababab$ 和 $abcabc$ 是重复的，$ababa$ 和 $aabb$ 不是重复的）．证明：若某个单词交换任意两个相邻字母后都变成重复的，则这个单词中所有的字母都相同．

证明　我们称所有字母都相同的单词是"恒定的"．

利用反证法，结果矛盾．

首先，考虑一个不恒定的单词 W，其长度为

$$|W| = \omega.$$

由于 W 至少有两个不同的相邻字母，不妨假设 $W = AabB$（$a \neq b$），再设 $B = cC$ 非空．因此，$W = AabcC$．

由条件得到两个重复的单词：

$W' = AbacC = P^{\frac{\omega}{p}}$ 是一个子单词 P 的 p 周期重复，其中，$p \mid \omega$，$1 < p < \omega$．

$W'' = AacbC = Q^{\frac{\omega}{q}}$ 是一个子单词 Q 的 q 周期重复，其中，$q \mid \omega$，$1 < q < \omega$．

易知，若一个单词 UV 是重复的，则单词 VU 也是重复的，且子单词的长度相同．

因此,对单词进行处理:

$W_0' = CAbac = P'^{\frac{\omega}{p}}$ 是一个子单词为 P' 的 p 周期重复.

$W_0'' = CAacb = Q'^{\frac{\omega}{q}}$ 是一个子单词为 Q' 的 q 周期重复.

接下来,考虑这两个重复单词的共同前缀不能太长.

若对任意的 $1 \leqslant k \leqslant \omega - t$,均有 $a_k = a_{k+1}$ 成立,则称一个单词 $a_1 a_2 \cdots a_\omega$ 是 t 周期的. 故 CA 既是 p 周期的也是 q 周期的.

先证明一个引理.

引理:设 p, q 为正整数,N 是一个长度为 n 的单词,且 N 既是 p 周期的又是 q 周期的. 若 $n \geqslant p + q$,则 N 是 (p, q) 周期的.

引理的证明:首先证明,对于两个非空的单词 $U, V, UV = VU$ 的充分必要条件为存在一个单词 W 满足 $|W| = (|U|, |V|)$,使得

$$U = W^{\frac{|U|}{|W|}}, V = W^{\frac{|V|}{|W|}}.$$

充分性显然.

下面证明必要性.

对 $|U| + |V|$ 应用数学归纳法.

(1) 若 $|U| + |V| = 2$,则

$$|U| = |V| = 1.$$

显然,取 $W = U = V$ 即可.

(2) 假设对 $|U| + |V| \leqslant k$ 成立.

下面考虑 $|U| + |V| = k + 1$.

若 $|U| = |V|$,则取 $W = U = V$ 即可.

否则,不妨设 $|U| < |V|$,则 $V = UV'$.

因此,$UUV' = UV'U \Rightarrow UV' = V'U$.

又 $|V'| < |V| \Rightarrow 2 \leqslant |U| + |V'| < |U| + |V|$.

由归纳假设,可知存在 W,使得

$$U = W^{\frac{|U|}{|W|}}, V' = W^{\frac{|V'|}{|W|}}.$$

故 $V = UV' = W^{\frac{|U|}{|W|}} W^{\frac{|V'|}{|W|}} = W^{\frac{|U| + |V'|}{|W|}} = W^{\frac{|V|}{|W|}}$.

从而,当 $|U| + |V| = k + 1$ 时,结论也成立.

回到引理的证明.

不妨设 $p \leqslant q, q = kp + r$,则

$$N = QPS(|Q| = q, |P| = p).$$

若 $r = 0$,引理显然成立.

若 $r \neq 0$,记 $P = UV, Q = V(UV)^k (|V| = r)$.

由 $UV = VU \Rightarrow PQ = QP$.

故存在一个单词 W 满足 $|W| = (p, q)$,使得

$$P = W^{\frac{p}{(p, q)}}, Q = W^{\frac{q}{(p, q)}}.$$

从而，N 是 (p,q) 周期的.

回到原题.

由引理知

$$|CA| \leqslant p+q-1 \Rightarrow \omega \leqslant p+q+2.$$

否则，W_0' 与 W_0'' 完全相同，矛盾.

由于 $p \mid w$，且 $1 < p < w$，因此，

$$2p \leqslant \omega \leqslant p+q+2 \Rightarrow p \leqslant q+2.$$

同理，$q \leqslant p+2$.

因此，$\max(p,q) \leqslant \min(p,q)+2$.

另外

$$k\max(p,q) = \omega \leqslant p+q+2$$
$$\leqslant 2\max(p,q)+2,$$

则 $(k-2)\max(p,q) \leqslant 2$.

但 $\max(p,q) \leqslant 2$ 是不可能的（因为在 W_0'' 中，最后三个字母 acb 中，a 与 b 不相同，导致 $q \geqslant 3$）.

所以，$k=2 \Rightarrow \omega = 2\max(p,q)$.

(1) 若 $\max(p,q) = \min(p,q)$，则

$$\omega = 2p = 2q,$$

矛盾.

(2) 若 $\max(p,q) = \min(p,q)+1$，则

$$3\min(p,q) \leqslant \omega = 2\max(p,q) = 2\min(p,q)+2$$
$$\Rightarrow \min(p,q) \leqslant 2$$
$$\Rightarrow \min(p,q) = 2, \max(p,q) = 3.$$

由前面可知 $q \geqslant 3$，故

$$p=2, q=3$$
$$\Rightarrow b=c, \omega = 2\max(p,q) = 6.$$

从而，$CA = aba = abb$，矛盾.

(3) 若 $\max(p,q) = \min(p,q)+2$，则

$$3\min(p,q) \leqslant \omega = 2\max(p,q) = 2\min(p,q)+4$$
$$\Rightarrow \min(p,q) \leqslant 4.$$

因为 $\min(p,q) \mid \omega = 2\max(p,q)$，所以，得到如下两种情形：

(i) $\min(p,q) = 2, \max(p,q) = 4 \Rightarrow \omega = 8$，同(2)，导出矛盾.

(ii) $\min(p,q) = 4, \max(p,q) = 6 \Rightarrow \omega = 12, p=4, q=6$ 与 $q=4, p=6$，均导出矛盾.

综合(1)(2)(3)，得 W 的所有字母都相同.

2013 年欧洲女子数学奥林匹克

❶ 对于 $\triangle ABC$，延长边 BC 到点 D，使得 $CD = CB$，延长边 CA 到点 E，使得 $AE = 2AC$. 若 $AD = BE$，证明：$\triangle ABC$ 为直角三角形.

证明 如图 1 所示，延长 AC 到点 F，使得 $AC = CF$.

则 $\triangle ACD \cong \triangle FCB \Rightarrow BF = AD = BE$.

又 $AE = 2AC = AF$，故 $\angle BAC = 90°$.

所以 $\triangle ABC$ 为直角三角形.

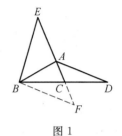

图 1

❷ 求所有的正整数 m，使得 $m \times m$ 的正方形能被分成五个矩形，它们的边长分别为 $1, 2, \cdots, 10$.

解 设这五个矩形的长与宽分别为 l_1, l_2, l_3, l_4, l_5 与 w_1, w_2, w_3, w_4, w_5，则

$$m^2 = l_1 w_1 + l_2 w_2 + l_3 w_3 + l_4 w_4 + l_5 w_5$$
$$= \frac{1}{2}(l_1 w_1 + l_2 w_2 + l_3 w_3 + l_4 w_4 + l_5 w_5 +$$
$$w_1 l_1 + w_2 l_2 + w_3 l_3 + w_4 l_4 + w_5 l_5).$$

由排序不等式知

$$m^2 \geqslant \frac{1}{2}(1 \times 10 + 2 \times 9 + \cdots + 10 \times 1) = 110,$$

$$m^2 \leqslant \frac{1}{2}(1 \times 1 + 2 \times 2 + \cdots + 10 \times 10) = 192.5.$$

又 $m \in \mathbf{N}_+$，故 $m = 11, 12, 13$.

(1) $m = 11$，如图 2(a) 所示.

五个矩形的长和宽分别为

$$(10, 5), (3, 6), (7, 4), (8, 2), (1, 9).$$

(2) $m = 13$，如图 2(b) 所示.

五个矩形的长和宽分别为

$$(10, 5), (3, 7), (9, 8), (1, 2), (4, 6).$$

(3) $m = 12$，分如下两步说明 $m = 12$ 不满足要求.

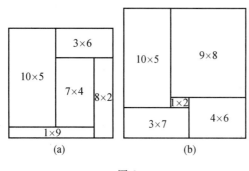

图 2

(i) 先说明,若 $m = 12$ 满足要求,则五个矩形的分布一定是四个各包含一个正方形的顶点,一个在中间(不与正方形的边有公共点).

首先,与每条边都有公共边的矩形恰好有两个.

一方面,由于 $m > 10$,因此,与每条边都有公共边的矩形至少有两个.

另一方面,若与某条边都有公共边的矩形有三个,则剩余区域是一个由八个顶点组成的多边形区域,不可能由两个矩形完全覆盖.

综上,与每条边都有公共边的矩形恰好有两个. 由此也可以得到五个矩形的分布一定是四个各包含一个正方形的顶点,一个在中间(不与正方形的边有公共点).

(ii) 根据(i),设四个各包含一个正方形的顶点的矩形分别为 R_1, R_2, R_3, R_4(依次分布在正方形的四个顶点),由于在一条边上的两个矩形的边长一个为 s,另一个为 $12 - s$,因此,$s \neq 1, 6$. 所以,在中间的那个矩形一定为 1×6.

不妨设矩形 R_1 为 $10 \times x$,则与其在同一边上的矩形 R_2 为 $2 \times y$,R_3 为 $(12 - y) \times z$,R_4 为 $(12 - z) \times (12 - x)$.

首先,注意到,x, y, z 中只有一个为偶数(4 或 8),另两个为奇数.

其次,由面积知

$$144 = 6 + 10x + 2y + (12 - y)z + (12 - z)(12 - x)$$
$$\Rightarrow (y - x)(z - 2) = 6.$$

利用 x, y, z 中有且只有一个为偶数,知 $y - x$ 与 $z - 2$ 要么均为奇数,要么均为偶数,所以,$(y - x)(z - 2) \neq 6$,矛盾.

由(i)(ii),知 $m = 12$ 不满足要求.

综上,$m = 11, 13$.

❸ 设 n 为正整数. 证明:

(1) 存在由 $6n$ 个正整数组成的集合 S, 使得 S 中任意两个元素的最小公倍数均不大于 $32n^2$.

(2) 对任何由 $6n$ 个正整数组成的集合 T, 均存在两个元素, 其最小公倍数大于 $9n^2$.

证明 （1）构造集合
$$S = \{1, 2, 3, \cdots, 4n, 4n+2, 4n+4, 4n+6, \cdots, 8n\},$$
$$|S| = 6n.$$

下面说明 S 满足要求:

(i) 若 $a, b \in \{1, 2, \cdots, 4n\}$, 则
$$[a, b] \leqslant (4n)^2 = 16n^2.$$

(ii) 若
$$a \in \{1, 2, \cdots, 4n\},$$
$$b \in \{4n+2, 4n+4, \cdots, 8n\},$$
则 $[a, b] \leqslant 4n \cdot 8n = 32n^2.$

(iii) 若 $a, b \in \{4n+2, 4n+4, \cdots, 8n\}$, 则
$$[a, b] \leqslant \frac{ab}{2} \leqslant \frac{8n \cdot 8n}{2} = 32n^2.$$

（2）先证明一个命题.

命题: 若集合 U 中包含 $m+1 \, (m \geqslant 2)$ 个正整数, 其中, 每个正整数均不小于 m, 则 U 中存在两个元素的最小公倍数大于 m^2.

命题的证明: 设集合 U 中的元素 $u_1, u_2, \cdots, u_{m+1}$ 满足 $u_1 > u_2 > \cdots > u_{m+1} \geqslant m$, 则
$$0 < \frac{1}{u_1} \leqslant \frac{1}{u_i} \leqslant \frac{1}{m} \, (i = 1, 2, \cdots, m+1).$$

将区间 $\left[\dfrac{1}{u_1}, \dfrac{1}{m}\right]$ 平均分成 m 段, 则每一段的长度小于 $\dfrac{1}{m^2}$. 由抽屉原理, 知存在 $u_i, u_j \, (1 \leqslant i < j \leqslant m+1)$ 使得
$$0 < \frac{1}{u_j} - \frac{1}{u_i} < \frac{1}{m^2} \Rightarrow \frac{\frac{u_i - u_j}{(u_i, u_j)}}{\frac{u_i u_j}{(u_i, u_j)}} < \frac{1}{m^2}$$
$$\Rightarrow \frac{\frac{u_i - u_j}{(u_i, u_j)}}{[u_i, u_j]} < \frac{1}{m^2}.$$

因为 $\dfrac{u_i - u_j}{(u_i, u_j)} \geqslant 1$, 所以, $[u_i, u_j] > m^2$.

回到原题.

取 $m = 3n$. 由于 T 中一定包含 $3n+1$ 个不小于 $3n$ 的正整数, 因此, T 中一定存在两个元素 a, b, 满足 $[a, b] > 9n^2$.

❹ 求所有的正整数 a,b,满足:存在三个连续的整数,使得多项式 $P(n)=\dfrac{n^5+a}{b}$ 的值为整数.

解　设三个连续的整数为 $x-1,x,x+1$,使得
$$(x-1)^5+a\equiv 0\,(\bmod\ b),$$
$$x^5+a\equiv 0\,(\bmod\ b),$$
$$(x+1)^5+a\equiv 0\,(\bmod\ b).$$
则
$$\begin{aligned}A&=(x+1)^5-(x-1)^5\\&=10x^4+20x^2+2\equiv 0\,(\bmod\ b),\\B&=(x+1)^5-x^5\\&=5x^4+10x^3+10x^2+5x+1\\&\equiv 0\,(\bmod\ b),\qquad\qquad ①\\C&=(x+1)^5+(x-1)^5-2x^5\\&=20x^3+10x\equiv 0\,(\bmod\ b),\end{aligned}$$
故
$$\begin{aligned}D&=4xA-(2x^2+3)C\\&=-22x\equiv 0\,(\bmod\ b),\end{aligned}$$
$$22B+(5x^3+10x^2+10x+5)D=22\equiv 0\,(\bmod\ b).$$
所以,$b=1,2,11,22$.

由式 ① 知
$$B=2(5x^3+5x^2)+5(x^4+x)+1$$
为奇数,于是,b 为奇数,因此,$b=1,11$.

当 $b=1$ 时,$P(n)=n^5+a$,故对任意的正整数 a 均满足要求.

当 $b=11$ 时,$n\equiv 0,1,\cdots,10\,(\bmod\ 11)$,则
$$n^5\equiv 0,1,-1,1,1,1,-1,-1,-1,1,-1\,(\bmod\ 11).$$

所以,当且仅当 $a\equiv\pm 1\,(\bmod\ 11)$ 时,才存在三个连续的整数,使得 $P(n)=\dfrac{n^5+a}{11}$ 的值均为整数.

故 $(a,b)=(k,1),(11k-10,11),(11k-1,11)(k\in\mathbf{N}_+)$.

❺ 已知圆 O 是 $\triangle ABC$ 的外接圆,圆 I 与 AC,BC 相切,且与圆 O 内切于点 P,一条平行于 AB 的直线与圆 I 切于点 Q(在 $\triangle ABC$ 内部).证明:$\angle ACP=\angle QCB$.

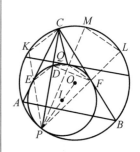

图 3

证明　如图 3 所示,设 AC,BC 分别与圆 I 切于点 E,F,PC 与圆 I 交于点 D.联结 PE,PQ,PF 并延长,分别与圆 O 交于点 K,M,L.

由圆 O,圆 I 关于点 P 位似,知 K,M,L 分别是 $\overset{\frown}{AC},\overset{\frown}{AB},\overset{\frown}{BC}$ 的中点.

由 $\overset{\frown}{LM}=\overset{\frown}{BM}-\overset{\frown}{BL}=\dfrac{1}{2}(\overset{\frown}{AMB}-\overset{\frown}{BC})=\overset{\frown}{CK}$

$$\Rightarrow LM=KC\Rightarrow DE=FQ$$
$$\Rightarrow \angle CED=\angle DPE=\angle QDF=\angle CFQ$$
$$\Rightarrow \triangle CED\cong\triangle CFQ$$
$$\Rightarrow \angle ECD=\angle FCQ$$
$$\Rightarrow \angle ACP=\angle QCB.$$

❻ 白雪公主与 7 个小矮人生活在森林的小房子里.在 16 个连续的日子里,每天有一些小矮人在采矿,其余的在森林里摘果实,没有一个小矮人在同一天做两件工作.对任意不同的两天,至少有 3 个小矮人在这两天里做过这两件工作.已知在第一天,7 个小矮人均在采矿.证明:在这 16 天中的某一天,7 个小矮人均在摘果实.

证明　若一个小矮人 X 在 D_1,D_2,D_3 三天中的工作相同,则称这三天对小矮人 X"单调".

先证明一个引理.

引理:不可能存在三个小矮人 X_1,X_2,X_3,使得 D_1,D_2,D_3 三天对其均单调.

引理的证明:反证法.

假设结论不成立,即存在三个小矮人 X_1,X_2,X_3,使得 D_1,D_2,D_3 三天对其均单调.在其余的小矮人中一定存在三个小矮人 Y_1,Y_2,Y_3 在 D_1,D_2 两天的工作不同,则在 D_3 这天,Y_1,Y_2,Y_3 中一定有两个人的工作同时与 D_1 或 D_2 相同.不妨设 Y_1,Y_2 在 D_1 这天的工作相同,则在 D_1,D_3 两天里,X_1,X_2,X_3,Y_1,Y_2 五人分别从事了同一工作,与题设矛盾.

回到原题.

对于确定的 X_1,X_2,X_3 三个人,共有 8 种工作安排,由引理,知这 8 种工作安排均各自在 16 天里发生了两次.这表明,每个小矮人恰有 8 天在采矿,8 天在摘果实.

对于 $0\leqslant k\leqslant 7$,记 $d(k)$ 为恰有 k 个小矮人摘果实的天数,由于第一天所有小矮人均在采矿,其余天均至少有三个小矮人在摘果实.所以,

$$d(0)=1,d(1)=d(2)=0.$$

故假设结论不成立.

于是,$d(7)=0$.从而,

$$d(3) + d(4) + d(5) + d(6) = 15. \qquad ①$$

又每个小矮人均恰好有 8 天在摘果实,故

$$3d(3) + 4d(4) + 5d(5) + 6d(6) = 7 \times 8 = 56. \qquad ②$$

下面考虑 X_1, X_2, X_3 在 D 这天均摘果实,数组 (X_1, X_2, X_3, D) 的个数为 q.

因为共有 $7 \times 6 \times 5 = 210$ 组三元组对应小矮人,且每个工作安排对确定的三个小矮人均在两天里发生过,所以,$q = 420$.

又因为有 k 个小矮人摘果实的那些天有 $k(k-1)(k-2)$ 组三元组,所以

$$3 \times 2 \times 1 \times d(3) + 4 \times 3 \times 2 d(4) +$$
$$5 \times 4 \times 3 d(5) + 6 \times 5 \times 4 d(6) = q = 420$$
$$\Rightarrow d(3) + 4d(4) + 10d(5) + 20d(6) = 70. \qquad ③$$

同样考虑 X_1, X_2, X_3 在 D 这天均采矿,数组 (X_1, X_2, X_3, D) 的个数为 r,同理

$$7 \times 6 \times 5 \times d(0) + 4 \times 3 \times 2 d(3) +$$
$$3 \times 2 \times 1 \times d(4) = r = 420$$
$$\Rightarrow 4d(3) + d(4) = 35. \qquad ④$$

②$\times 10 +$ ④$\times 4 -$ ③$-$ ①$\times 40$ 得

$$5d(3) = 30 \Rightarrow d(3) = 6 \Rightarrow d(4) = 11.$$

从而,$d(3) + d(4) = 17 > 15$,矛盾.

所以,命题成立.

2014 年欧洲女子数学奥林匹克

❶ 试求所有的实常数 t，使得若 a,b,c 为某个三角形的三边长，则 a^2+bct，b^2+cat，c^2+abt 也为某个三角形的三边长.

解　$t\in\left[\dfrac{2}{3},2\right]$.

若 $t<\dfrac{2}{3}$，取三边长满足 $b=c=1$，$a=2-\varepsilon$ 的三角形，此时，对某些正数 $\varepsilon\left(\text{如 }0<\varepsilon<\dfrac{2-3t}{4-2t}\right)$，有

$$b^2+cat+c^2+abt-a^2-bct$$
$$=3t-2+\varepsilon(4-2t-\varepsilon)\leqslant 0,$$

不符合题意.

若 $t>2$，取三边长满足 $b=c=1$，$a=\varepsilon$ 的三角形，对某些正数 $\varepsilon\left(\text{如 }0<\varepsilon<\dfrac{t-2}{2t}\right)$，有

$$b^2+cat+c^2+abt-a^2-bct$$
$$=2-t+\varepsilon(2t-\varepsilon)\leqslant 0,$$

亦不符合题意.

下面假设 $\dfrac{2}{3}\leqslant t\leqslant 2$，$b+c>a$.

结合均值不等式 $(b+c)^2\geqslant 4bc$，得

$$b^2+cat+c^2+abt-a^2-bct$$
$$=(b+c)^2+at(b+c)-(2+t)bc-a^2$$
$$\geqslant(b+c)^2+at(b+c)-\frac{1}{4}(2+t)(b+c)^2-a^2$$
$$=\frac{1}{4}(2-t)(b+c)^2+at(b+c)-a^2.$$

由 $2-t\geqslant 0$，$t>0$，知上式最右端为关于 $b+c$ 的单调递增函数.结合 $b+c>a$，并由 $t\geqslant\dfrac{2}{3}$，知

$$b^2+cat+c^2+abt-a^2-bct$$
$$>\frac{1}{4}(2-t)a^2+ta^2-a^2=\frac{3}{4}\left(t-\frac{2}{3}\right)a^2\geqslant 0.$$

由对称性可得另外两个不等式.

❷ 在 $\triangle ABC$ 中,点 D,E 分别为边 AB,AC 上的点,且满足 $DB=BC=CE$,设直线 CD 与 BE 交于点 F. 证明:$\triangle ABC$ 的内心 I、$\triangle DEF$ 的垂心 H、$\triangle ABC$ 的外接圆的 $\overarc{BAC}$ 的中点 M 三点共线.

证明 如图 1 所示.

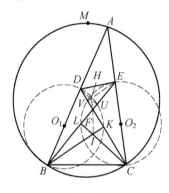

图 1

由 $DB=BC=CE$,知 $BI \perp CD$,$CI \perp BE$,故 I 为 $\triangle BFC$ 的垂心.

记直线 BI 与 CD 交于点 K,直线 CI 与 BE 交于点 L,则由圆幂定理知

$$IB \cdot IK = IC \cdot IL.$$

过点 D 作 EF 的垂线,垂足为 U,过点 E 作 DF 的垂线,垂足为 V,则由圆幂定理知

$$DH \cdot HU = EH \cdot HV.$$

记以线段 BD,CE 为直径的圆分别为圆 O_1,圆 O_2. 于是,点 I,H 对圆 O_1 和圆 O_2 的幂相等,即直线 IH 为圆 O_1 与圆 O_2 的根轴.

又

$$MB = MC,$$
$$BO_1 = CO_2,$$
$$\angle MBO_1 = \angle MCO_2,$$

故 $\triangle MBO_1 \cong \triangle MCO_2 \Rightarrow MO_1 = MO_2$.

因为圆 O_1 与圆 O_2 半径相等,所以点 M 对圆 O_1 和圆 O_2 的幂相等,即点 M 在这两个圆的根轴上.

从而,M,I,H 三点共线.

❸ 记正整数 m 的正约数的个数为 $d(m)$，不同素因子的个数为 $\omega(m)$，设 k 为正整数. 证明：存在无穷多个正整数 n，使得 $\omega(n)=k$，且对任意满足 $a+b=n$ 的正整数 a,b，有
$$d(n)\nmid d(a^2+b^2).$$

证明 形如 $n=2^{p-1}m$ 的正整数符合要求，其中，m 恰有 $k-1$ 个素因子，且每个素因子均大于 3，p 为满足 $\left(\dfrac{5}{4}\right)^{\frac{p-1}{2}}>m$ 的素数.

假设正整数 a,b 满足
$$a+b=n,d(n)\mid d(a^2+b^2),$$
则 $p\mid d(a^2+b^2)$.

于是，$a^2+b^2=q^{cp-1}r$，其中，q 为素数，c 为正整数，r 为不被 q 整除的正整数.

若 $q\geqslant 5$，则
$$2^{2p-2}m^2=n^2=(a+b)^2$$
$$>a^2+b^2=q^{cp-1}r$$
$$\geqslant q^{p-1}\geqslant 5^{p-1},$$
矛盾. 因此，$q=2$ 或 3.

若 $q=3$，则 $3\mid(a^2+b^2)$.

这表明，a,b 均被 3 整除.

于是，$n=a+b$ 也被 3 整除，矛盾. 因此，$q=2$.

从而，$a+b=2^{p-1}m$，$a^2+b^2=2^{cp-1}r$.

若整除 a,b 的 2 的最高幂次不相等，则由 $a+b=2^{p-1}m$，知其中的较小者为 2^{p-1}.

从而，整除 $a^2+b^2=2^{cp-1}r$ 的 2 的最高幂次为 2^{2p-2}，此时，$cp-1=2p-2$，这是不可能的.

因此，存在正整数 $t<p-1$ 和正奇数 a_0,b_0，使得
$$a=2^t a_0,b=2^t b_0,$$
故 $a_0^2+b_0^2=2^{cp-1-2t}r$.

易知，上式左边模 4 余 2，于是，$cp-1-2t$ 只能为 1. 但由 $t<p-1$，得
$$\frac{c}{2}p=t+1<p,$$
这同样不可能.

❹ 试求所有的正整数 $n(n\geqslant 2)$，使得存在整数 $x_1,x_2,\cdots,x_{n-1}$，满足若 $0<i,j<n(i\neq j)$，且 $n\mid(2i+j)$，则 $x_i<x_j$.

解 $n = 2^k (k \geqslant 1)$ 或 $3 \cdot 2^k (k \geqslant 0)$.

假设 n 具有前述形式. 对正整数 i, 设 x_i 为使得 $2^{x_i} \mid i$ 的最大正整数.

假设对 $0 < i, j < n (i \neq j), n \mid (2i + j)$, 有
$$x_i \geqslant x_j.$$

于是, 整除 $2i + j$ 的最大的 2 的幂次为 2^{x_j}.

从而, $k \leqslant x_j, 2^k \leqslant j$.

由 $0 < j < n$, 知这仅当 $n = 3 \cdot 2^k$, 且 $j = 2^k$ 或 $j = 2^{k+1}$ 时成立.

在第一种情形中, $i \neq j$ 且 $x_i \geqslant x_j$, 则 $i = 2^{k+1}$.

从而, $3 \cdot 2^k = n \mid (2i + j) = 5 \cdot 2^k$.

在第二种情形中, 由 $i \neq j$ 且 $x_i \geqslant x_j$, 得
$$i \geqslant 2^{k+2} > n,$$
同样是不可能的.

现假设 n 不具有前述形式, 并且符合条件的 $x_1, x_2, \cdots, x_{n-1}$ 存在.

对任意正整数 m, 记 $(-2)^m$ 被 n 除所得的余数为 a_m, 则由 n 不为 2 的幂次知, a_m 中没有 0, 并且 $a_m \neq a_{m+1} (m \geqslant 1)$ (否则, 若 $a_m = a_{m+1}$, 则 $n \mid 3 \cdot 2^m$). 此外, $n \mid (2a_m + a_{m+1})$, 从而, 必有 $x_{a_1} < x_{a_2} < \cdots$, 这与 a_m 只能取有限个值矛盾.

---

❺ 设 n 为正整数. 现有 n 个盒子, 每个盒子里装有若干个水晶球(允许有空盒). 在每步操作中, 允许选定一个盒子, 从中取出两个水晶球, 将其中一个扔掉, 而将另一个放入另外一个选定的盒子中. 对于水晶球的某种初始分布, 若经过有限步操作(可能是 0 步)后, 不再有空盒子, 则称这种初始分布是"可解的". 试求所有这样的初始分布, 它不是可解的, 但只要在任意一个盒子中再放入一个水晶球, 就变为可解的.

解 所求的分布为: 所有盒子中共有 $2n - 2$ 个水晶球, 且每个盒子中水晶球的个数均为偶数.

将盒子从 $1 \sim n$ 编号, 并用数组
$$x = (x_1, x_2, \cdots, x_n)$$
表示一种分布状态, 其中, $x_i (i = 1, 2, \cdots, n)$ 表示第 i 个盒子中水晶球的个数. 对分布 x, 定义
$$D(x) = \sum_{i=1}^{n} \left[\frac{x_i - 1}{2} \right], \qquad \text{①}$$
其中, $[x]$ 表示不超过实数 x 的最大整数.

式 ① 可改写为

$$D(x) = \frac{1}{2}N(x) - n + \frac{1}{2}O(x),$$

其中，$N(x)$ 表示分布 x 中所有盒子中的总球数，$O(x)$ 表示分布 x 中有奇数个球的盒子的个数.

注意到，每步操作要么使得 $D(x)$ 的值不变(若操作的是有奇数个水晶球的盒子)，要么使得 $D(x)$ 的值减 1(若操作的是有偶数个水晶球的盒子). 对任意不含空盒子的分布，$D(x)$ 是非负的，同样，对任意可解的分布，$D(x)$ 也是非负的.

另外，对于 $D(x)$ 的值非负的分布 x，$D(x) \geqslant 0$ 表明

$$\sum_{m_i > 0} m_i \left(m_i = \left[\frac{x_i - 1}{2} \right] \right)$$

不小于空盒子的数目，对每个满足 $m_i > 0$ 的 i，可进行 m_i 步操作，使得球从第 i 个盒子到 m_i 个空盒子中，从而，所有的盒子中均有球.

由 $N(x)$ 与 $O(x)$ 具有相同的奇偶性，知当且仅当 $O(x) \geqslant 2n - N(x)$ 时，分布 x 是可解的；而当且仅当 $O(x) \leqslant 2n - 2 - N(x)$ 时，分布 x 是不可解的. 特别地，任意总球数为 $2n-1$ 的分布是可解的，而任意总球数为 $2n-2$ 的分布是不可解的，当且仅当所有的盒子中均有偶数个球.

设 x' 为在分布 x 中的某个盒子中添加了一个球所得的分布，则

$$O(x') = O(x) + 1 \text{ 或 } O(x) - 1.$$

若分布 x 是不可解的而分布 x' 是可解的，则

$$O(x) \leqslant 2n - 2 - N(x),$$
$$O(x') \geqslant 2n - N(x') = 2n - 1 - N(x).$$

于是，$O(x') = O(x) + 1$，即添加的球必须放入有偶数个球的盒子里. 这表明，仅当所求盒子中的球均为偶数个时，无论球放入哪个盒子均将变成可解的，并且有

$$0 = O(x) \leqslant 2n - 2 - N(x),$$
$$1 = O(x') \geqslant 2n - 1 - N(x).$$

因此，$N(x) = 2n - 2$.

---

❻ 试求所有的函数 $f: \mathbf{R} \to \mathbf{R}$，使得对任意实数 x, y 均有
$$f(y^2 + 2xf(y) + f^2(x)) = (y + f(x))(x + f(y)).$$

解　容易验证符合条件的函数为
$$f(x) = \pm x \text{ 或 } f(x) = \frac{1}{2} - x.$$

接下来，证明只有上述函数符合条件.

令 $y = -f(x)$，对任意 $x \in \mathbf{R}$，代入原方程知

$$f(f^2(x) + 2xf(-f(x))) = 0.$$

特别地,0 为某个点处的函数值. 假设存在实数 u, v, 使得 $f(u) = 0 = f(v)$.

在原方程中令 $x = u$ 或 v, $y = u$ 或 v, 得

$$f(u^2) = u^2, \quad f(u^2) = uv,$$
$$f(v^2) = uv, \quad f(v^2) = v^2.$$

于是, $u^2 = uv = v^2 \Rightarrow u = v$.

从而, 存在唯一的实数 a, 其函数值为 0, 即对任意的 $x \in \mathbf{R}$ 均有

$$f^2(x) + xf(-f(x)) = \frac{a}{2}. \qquad ①$$

假设存在 x_1, x_2, 使得 $f(x_1) = f(x_2) \neq 0$, 则由式 ① 知

$$x_1 f(-f(x_1)) = x_2 f(-f(x_2)) = x_2 f(-f(x_1)).$$

于是, $x_1 = x_2$ 或 $f(x_1) = f(x_2) = -a$.

当 $f(x_1) = f(x_2) = -a$ 时, 在原方程中令 $x = a, y = x_1$, 得

$$f(x_1^2 - 2a^2) = 0,$$

则 $x_1^2 - 2a^2 = a$.

类似地, $x_2^2 - 2a^2 = a$.

此时, $x_1 = x_2$ 或 $-x_2$.

对任意实数 x, y, 由原方程的对称性得

$$f(f^2(x) + y^2 + 2xf(y))$$
$$= (x + f(y))(y + f(x))$$
$$= f(f^2(y) + x^2 + 2yf(x)). \qquad ②$$

假设存在 x, y 使得

$$f^2(x) + y^2 + 2xf(y) \neq f^2(y) + x^2 + 2yf(x),$$

则由前述结果知

$$(x + f(y))(y + f(x)) \neq 0,$$
$$f^2(x) + y^2 + 2xf(y) = -(f^2(y) + x^2 + 2yf(x)).$$

第二个式子可改写为

$$(f(x) + y)^2 + (f(y) + x)^2 = 0,$$

矛盾.

因此, 对任意实数 x, y, 由式 ② 知

$$f^2(x) + y^2 + 2xf(y) = f^2(y) + x^2 + 2yf(x). \qquad ③$$

特别地, 对任意 $x \in \mathbf{R}$, 令 $y = 0$, 得

$$f^2(x) = (f(0) - x)^2.$$

令 $f(x) = s(x)(f(0) - x)$, 其中, 函数 $s: \mathbf{R} \to \{1, -1\}$. 对任意实数 x, y, 代入式 ③ 有

$$x[ys(y) + f(0)(1 - s(y))]$$
$$= y[xs(x) + f(0)(1 - s(x))].$$

故对 $x \neq 0, s(x) + \dfrac{f(0)(1 - s(x))}{x}$ 必为常数.

若 $f(0) = 0$,则对 $x \neq 0, s(x)$ 为常数.

故 $f(x) = \pm x (x \in \mathbf{R})$.

假设 $f(0) \neq 0$. 若对 $x \neq 0$,均有 $s(x) = -1$,则 $-1 + \dfrac{2f(0)}{x}$ 为常数,这是不可能的.

若存在非零实数 x, y,使得
$$s(x) = -1, s(y) = 1,$$
则 $-1 + \dfrac{2f(0)}{x} = 1.$

于是,满足上式的 x 只有一个,即 $x = f(0)$.

因此,对任意 $x \in \mathbf{R}$,有 $f(x) = f(0) - x$.

将其代入原方程得
$$2f^2(0) = f(0) \Rightarrow f(0) = \frac{1}{2}.$$

2015 年欧洲女子数学奥林匹克

❶ 在锐角 $\triangle ABC$ 中,已知 $CD \perp AB$ 于点 D,$\angle ABC$ 的平分线与 CD 交于点 E,与 $\triangle ADE$ 的外接圆 Γ 交于点 F. 若 $\angle ADF = 45°$,证明:CF 与圆 Γ 相切.

证明　如图 1 所示,由 $\angle CDF = 90° - 45° = 45°$,知直线 DF 平分 $\angle CDA$. 于是,点 F 落在线段 AE 的垂直平分线上,并设该线与 AB 交于点 G.

令 $\angle ABC = 2\beta$,因为 A,D,E,F 四点共圆,$\angle AFE = 90°$,所以,$\angle FAE = 45°$.

又 BF 平分 $\angle ABC$,则 $\angle FAB = 90° - \beta$,故
$$\angle EAB = \angle AEG = 45° - \beta,$$
$$\angle AED = 45° + \beta,$$
于是,$\angle GED = 2\beta$,则
$$\mathrm{Rt}\triangle EDG \backsim \mathrm{Rt}\triangle BDC \Rightarrow \frac{GD}{CD} = \frac{DE}{DB}$$
$$\Rightarrow \mathrm{Rt}\triangle DEB \backsim \mathrm{Rt}\triangle DGC$$
$$\Rightarrow \angle GCD = \angle DBE = \beta,$$
又 $\angle DFE = \angle DAE = 45° - \beta$,因此
$$\angle GFD = 45° - \angle DFE = \beta.$$
于是,G,D,C,F 四点共圆.

故 $\angle GFC = 90°$,这表明 CF 垂直于圆 Γ 的半径 FG,即 CF 为圆 Γ 的切线.

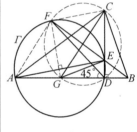

图 1

❷ 将 n^2 块 1×2 或 2×1 的多米诺骨牌无重叠地放置于 $2n \times 2n$ 的方格表上,使得每个 2×2 的子方格表内至少存在两格没被覆盖,且该两格在同行或同列. 求所有满足要求的放法数.

解　将方格表分成 n^2 个 2×2 的子方格表,每个子方格表至多有两格可被多米诺骨牌覆盖. 由于多米诺骨牌恰覆盖 $2n^2$ 个格,故每个子方格表均恰有两格被覆盖,且这两格必须在同行或同列.

接下来说明,这两格被同一块多米诺骨牌覆盖.

假设有些 2×2 的子方格表不满足条件,不妨设存在一些多米诺骨牌同时覆盖了左右相邻的两个子方格表.考虑这样的多米诺骨牌中位置最靠左的子方格表,知这是矛盾的.

现考虑以一个 2×2 的子方格表为单位的 $n\times n$ 方格表.记 A, B, C, D 分别为该方格表每格的各种情形,其中阴影部分代表被多米诺骨牌覆盖,如图 2 所示.

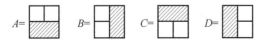

图 2

在 $n\times n$ 的方格表中填入 A, B, C, D,使得结果满足题目条件,如图 3 所示.

由图 4 知一个 A 的下方(或 B 的右方)必定包含另一个 A(或 B),于是,包含 A 和 B 的格子区域(有可能为空)位于方格表的右下方,且与包含 C 和 D 的格子区域之间可被一条从左下角至右上角的路径完全分离,其中,该路径每次向上或向右移动一格.

类似地,包含 A 和 D 的格子区域(有可能为空)与包含 B 和 C 的格子区域之间可被一条从左上角至右下角的路径完全分离,其中,该路径每次向下或向右移动一格.

从而,该 $n\times n$ 的方格表被两条路径分成四个区域(有可能为空),使得每个区域分别包含所有的 A, B, C, D.反之,选择两条路径将方格表分割成四个区域,并从底部逆时针分别填入 A, B, C, D,可得到满足题意的多米诺骨牌摆放方式.

由于每条路径有 C_{2n}^n 种选法,因此,多米诺骨牌总共有 $(C_{2n}^n)^2$ 种摆放方式.

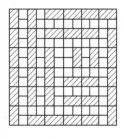

图 3

D	D	C	C	C	C
D	D	C	C	C	B
D	D	D	B	B	B
D	D	D	A	A	B
D	D	D	A	A	B
D	A	A	A	A	B

图 4

❸ 设 n, m 为大于 1 的整数,a_1, a_2, $\cdots$, a_m 为不大于 n^m 的正整数.证明:存在不大于 n 的正整数 b_1, b_2, $\cdots$, b_m,使得
$$(a_1+b_1, a_2+b_2, \cdots, a_m+b_m) < n.$$

证明   不妨设 a_1 为 a_1, a_2, $\cdots$, a_m 中的最小元素.

(1) 当 $a_1 \geqslant n^m - 1$ 时,分两种情形讨论.

(i) 所有 a_1, a_2, $\cdots$, a_m 均相等.此时,可取 $b_1 = 1$, $b_2 = 2$,其余的 b_i 任意选取,则
$$(a_1+b_1, a_2+b_2, \cdots, a_m+b_m)$$
$$\leqslant (a_1+b_1, a_2+b_2) = 1.$$

(ii) $a_1 = n^m - 1$,对某些 $j \in \{2, 3, \cdots, n\}$,有 $a_j = n^m$.此时,可

取 $b_1 = 1, b_j = 1$,其余的 b_i 任意选取,则

$$(a_1 + b_1, a_2 + b_2, \cdots, a_m + b_m)$$
$$\leqslant (a_1 + b_1, a_j + b_j) = 1.$$

(2)当 $a_1 \leqslant n^m - 2$ 时,假设满足条件的 $b_1, b_2, \cdots, b_m$ 不存在,则对任意的 $b_1, b_2, \cdots, b_m \in \{1, 2, \cdots, n\}$,有

$$n \leqslant (a_1 + b_1, a_2 + b_2, \cdots, a_m + b_m)$$
$$\leqslant a_1 + b_1 \leqslant n^m + n - 2.$$

故总共有 $n^m - 1$ 种最大公约数的可能值,但共有 n^m 种 m 元组 $(b_1, b_2, \cdots, b_m)$ 的取法,由抽屉原理,知必有两个 m 元组有相同的最大公约数,设为 d.

由于 $d \geqslant n$,对每个 i 至多有一种 $b_i \in \{1, 2, \cdots, n\}$ 的选择使得 $a_i + b_i$ 可被 d 整除,于是,至多有一个 m 元组 $(b_1, b_2, \cdots, b_m)$ 以 d 为最大公约数,矛盾.

❹ 是否存在无穷项正整数数列 $a_1, a_2, \cdots, a_n, \cdots$ 满足:对任意正整数 n,均有

$$a_{n+2} = a_{n+1} + \sqrt{a_{n+1} + a_n}?$$

解 假设存在正整数数列 $\{a_n\}$ 满足题意.

记 $b_n = a_{n+1} - a_n (n \geqslant 2)$,则由定义,知对于每一个

$$b_n = \sqrt{a_n + a_{n-1}} \ (n \geqslant 2),$$

有

$$b_{n+1}^2 - b_n^2 = (a_{n+1} + a_n) - (a_n + a_{n-1})$$
$$= (a_{n+1} - a_n) + (a_n - a_{n-1}) = b_n + b_{n-1}.$$

由 a_n 为正整数,故对于任意的正整数 $n \geqslant 2, b_n$ 也为正整数,且当 $n \geqslant 3$ 时,数列 $\{b_n\}$ 严格单调递增.

而

$$b_n + b_{n-1} = (b_{n+1} - b_n)(b_{n+1} + b_n)$$
$$\geqslant b_{n+1} + b_n$$
$$\Rightarrow b_{n-1} \geqslant b_{n+1}$$

与数列 $\{b_n\}$ 严格单调递增矛盾.

故不存在满足题意的正整数数列 $\{a_n\}$.

❺ 设 m, n 为正整数,且 $m > 1$.甲将整数 $1, 2, 3, \cdots, 2m$ 分成 m 对,乙从每一对中选出一个数,并求出这两个数的和.证明:甲可以适当地分对使得乙无论怎么选,求出的和恒不等于 n.

证明 定义如下分组

$$P_1 = \{(1, 2), (3, 4), \cdots, (2m-1, 2m)\},$$
$$P_2 = \{(1, m+1), (2, m+2), \cdots, (m, 2m)\},$$

$$P_3 = \{(1,m),(2,m+1),\cdots,(m,2m-1)\}.$$

对于 $P_j(j=1,2,3)$，计算

$$s = a_1 + a_2 + \cdots + a_m(\text{整数 } a_i \in P_{j,i})$$

的可能值，其中，$P_{j,i}$ 指分组 P_j 中的第 i 组.

记 $\sigma = \sum_{i=1}^{m} i = \dfrac{m^2 + m}{2}$.

(1) 考虑分组 P_1 及选取后相对应的 s，知

$$m^2 = \sum_{i=1}^{m}(2i-1) \leqslant s \leqslant \sum_{i=1}^{m} 2i = m^2 + m.$$

若 $n < m^2$ 或 $n > m^2 + m$，则该分组满足题意.

(2) 考虑分组 P_2 及选取后相对应的 s，知

$$s \equiv \sum_{i=1}^{m} i \equiv \sigma(\text{mod } m).$$

若 $m^2 \leqslant n \leqslant m^2 + m$，且 $n \not\equiv \sigma(\text{mod } m)$，则该分组满足题意.

(3) 考虑分组 P_3 及选取后相对应的 s，令 $d_i = \begin{cases} 0, a_i = i \\ 1, a_i \neq i \end{cases}$ 且

$d = \sum_{i=1}^{m} d_i$，知 $0 \leqslant d \leqslant m$.

若 $a_i \neq i$，则 $a_i \equiv i-1(\text{mod } m)$.

所以，对任意 $a_i \in P_{3,i}$，有

$$a_i \equiv i - d_i(\text{mod } m),$$

故 $\qquad s = \sum_{i=1}^{m} a_i \equiv \sum_{i=1}^{m}(i - d_i) \equiv \sigma - d(\text{mod } m),$

当且仅当所有 d_i 相等时，有 $s \equiv \sigma(\text{mod } m)$，而这要求 $s = \dfrac{m^2 + m}{2}$

或 $s = \dfrac{3m^2 + m}{2}$.

因为 $m > 1$，有

$$\frac{m^2 + m}{2} < m^2 < m^2 + m < \frac{3m^2 + m}{2},$$

所以，若 $m^2 \leqslant n \leqslant m^2 + m$，且 $n \equiv \sigma(\text{mod } m)$，则此时 s 不可能为 n，该分组满足题意.

由于 n 总可被分成以上三种情形之一，从而，命题成立.

---

⑥ 设 H, G 分别为锐角 $\triangle ABC(AB \neq AC)$ 的垂心、重心. 直线 AG 与 $\triangle ABC$ 的外接圆分别交于点 A, P. 记 P' 为点 P 关于直线 BC 的对称点. 证明：$\angle CAB = 60°$ 当且仅当 $HG = P'G$.

证明 如图 5 所示. 设 $\triangle ABC$ 的外接圆圆 O 关于直线 BC 对称得到圆 O'. 显然，点 H, P' 在圆 O' 上. 因为 $\triangle ABC$ 为锐角三角

形,所以,点 H,O 落在 $\triangle ABC$ 内.记线段 BC 的中点为 M.

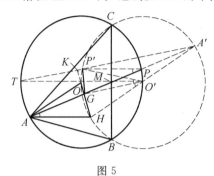

图 5

(1) 充分性.

设 $\angle CAB = 60°$.

由 $\angle COB = 2\angle CAB = 120° = 180° - \angle CAB = \angle CHB$,得点 O 在圆 O' 上,且圆 O、圆 O' 关于点 M 对称,则
$$OO' = 2OM = 2R\cos\angle CAB = AH$$
其中,R 为圆 O、圆 O' 的半径,故 $AH = OO' = HO' = AO = R$.

于是,四边形 $AHO'O$ 为菱形.

从而,点 A,O' 关于 HO 对称.

因为 H,G,O 三点共线(欧拉线),所以
$$\angle GAH = \angle HO'G.$$

由 $\angle BOM = 60°$,知
$$OM = O'M = MB\cot 60° = \frac{MB}{\sqrt{3}}.$$

注意到
$$3MO \cdot MO' = MB^2 = MB \cdot MC$$
$$= MP \cdot MA = 3MG \cdot MP,$$
于是,G,O,P,O' 四点共圆.

又 BC 为 OO' 的垂直平分线,故四边形 $GOPO'$ 的外接圆关于 BC 对称.

所以,点 P' 也在四边形 $GOPO'$ 的外接圆上.

因此,$\angle GO'P' = \angle GPP'$.

由 $AH \parallel PP'$,知 $\angle GPP' = \angle GAH$.

又 $\angle GAH = \angle HO'G$,则
$$\angle HO'G = \angle GO'P'.$$

故 $HG = P'G$.

(2) 必要性.

若 $HG = P'G$,将点 A 关于点 M 对称得到点 A'.

根据上述推论,知 B,C,H,P' 在圆 O' 上.

易知,点 A' 也在圆 O' 上.

因为 $AB \parallel CA'$,所以,$HC \perp CA'$.

故 HA' 为圆 O' 的直径,O' 为 HA' 的中点.

由 $HG = P'G$,知点 H 与 P' 关于 GO' 对称.

所以,$GO' \perp HP'$,$GO' \parallel A'P'$.

设 HG 与 $A'P'$ 交于点 K.

因为 $AB \neq AC$,所以,点 K 与 O 不重合.

因为直线 GO' 为 $\triangle HKA'$ 的中位线,所以,$HG = GK$.

由 HO 为 $\triangle ABC$ 的欧拉线知

$$2GO = HG,$$

故 O 为线段 GK 的中点.

因为 $\angle CMP = \angle CMP'$,所以

$$\angle GMO = \angle OMP'.$$

于是,直线 OM 过点 O',且为 $\angle P'MA'$ 的外角平分线.

又 $P'O' = O'A'$,则 O' 为 $\triangle P'MA'$ 的外接圆上 $\overset{\frown}{P'MA'}$ 的中点.

这表明,P',M,O',A' 四点共圆.

故 $\angle O'MA' = \angle O'P'A' = \angle O'A'P'$.

设 MO 的延长线与 $A'P'$ 的延长线交于点 T.

由 $\triangle TO'A' \backsim \triangle A'O'M$,知

$$O'M \cdot O'T = O'A'^2$$

对直线 TO' 与 $\triangle HKA'$,运用梅涅劳斯定理得

$$\frac{A'O'}{O'H} \cdot \frac{HO}{OK} \cdot \frac{KT}{TA'} = 3\frac{KT}{TA'} = 1$$

$$\Rightarrow \frac{KT}{TA'} = \frac{1}{3}$$

$$\Rightarrow KA' = 2KT.$$

类似地,对直线 HK 与 $\triangle TO'A'$,运用梅涅劳斯定理得

$$\frac{O'H}{HA'} \cdot \frac{A'K}{KT} \cdot \frac{TO}{OO'} = \frac{1}{2} \cdot 2\frac{TO}{OO'} = 1 \Rightarrow TO = OO'.$$

故 $O'A'^2 = O'M \cdot O'T = OO'^2$.

于是,$O'A' = OO'$.

从而可知,点 O 在圆 O' 上.

则 $2\angle CAB = \angle BOC = 180° - \angle CAB$.

故 $\angle CAB = 60°$.

2016 年欧洲女子数学奥林匹克

❶ 设 n 为正奇数，$x_1, x_2, \cdots, x_n$ 为非负实数. 证明：
$$\min_{i=1,2,\cdots,n} \{x_i^2 + x_{i+1}^2\} \leqslant \max_{j=1,2,\cdots,n} \{2x_j x_{j+1}\},$$
其中，$x_{n+1} = x_1$.

证明 在解答中，所有的下标均按模 n 理解. 考虑 n 个差 $x_{k+1} - x_k (k = 1, 2, \cdots, n)$. 由 n 为奇数，知存在下标 j，使得
$$(x_{j+1} - x_j)(x_{j+2} - x_{j+1}) \geqslant 0.$$

不妨设上式左边的两个因式均是非负的，即 $x_j \leqslant x_{j+1} \leqslant x_{j+2}$，故
$$\begin{aligned}
\min_{k=1,2,\cdots,n} \{x_k^2 + x_{k+1}^2\} &\leqslant x_j^2 + x_{j+1}^2 \\
&\leqslant 2x_{j+1}^2 \leqslant 2x_{j+1}x_{j+2} \\
&\leqslant \max_{k=1,2,\cdots,n} \{2x_k x_{k+1}\}
\end{aligned}$$

从而，结论成立.

❷ 在圆内接四边形 $ABCD$ 中，对角线 AC 与 BD 交于点 X. C_1, D_1, M 分别为线段 CX, DX, CD 的中点，直线 AD_1 与 BC_1 交于点 Y，直线 MY 分别与 AC, BD 交于不同的点 E, F. 证明：直线 XY 与过 E, F, X 三点的圆相切.

证明 如图 1 所示.

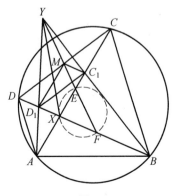

图 1

只需证明 $\angle EXY = \angle EFX$ 或 $\angle AYX + \angle XAY = \angle BYF + \angle XBY$.

由 A,B,C,D 四点共圆知
$$\triangle XAD \backsim \triangle XBC.$$

由 AD_1, BC_1 分别为相似 $\triangle XAD, \triangle XBC$ 中对应的中线,知
$$\angle XAY = \angle XAD_1 = \angle XBC_1 = \angle XBY.$$

下面只需证明 $\angle AYX = \angle BYF$.

事实上,由
$$\angle XAB = \angle XDC = \angle MC_1D_1,$$
$$\angle XBA = \angle XCD = \angle MD_1C_1,$$

易知,点 X, M 分别为相似 $\triangle ABY, \triangle C_1D_1Y$ 中的对应点.

故 $\angle AYX = \angle C_1YM = \angle BYE$.

---

❸ 设 m 为正整数. 在 $4m \times 4m$ 的方格表中,若两个单元格位于同一行或同一列,则称它们是"相关的". 每个单元格与自身均不相关. 现将方格表中的一些单元格加阴影,使得每个单元格至少与两个带阴影的单元格是相关的. 试求被加阴影的单元格的个数的最小值.

解 所求最小值为 $6m$.

将方格表划分成 m^2 个 4×4 的块,并将沿主对角线的 m 个块均按照图 2 所示方式添加阴影.

容易验证,此时每个单元格均恰有两个相关的单元格.

因此,所求的最小值不超过 $6m$.

下面证明:对任何满足条件的添加阴影方案,方格表中的带阴影的单元格不少于 $6m$ 个.

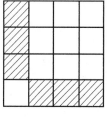

图 2

证法 1:对某种添加阴影方案,设 r_1 为所有恰好有一个带阴影单元格的行中的带阴影单元格总数,r_2 为所有恰好有两个带阴影单元格的行中的带阴影单元格总数,r_3 为所有至少有三个带阴影单元格的行中的带阴影单元格总数. 类似地,设 c_1 为所有恰好有一个带阴影单元格的列中的带阴影单元格总数,c_2 为所有恰好有两个带阴影单元格的列中的带阴影单元格总数,c_3 为所有至少有三个带阴影单元格的列中的带阴影单元格总数.

首先证明 $c_3 \geqslant r_1$.

事实上,若某行中只有一个带阴影单元格,则这个带阴影单元格所在的列中至少还有两个带阴影单元格,故 $c_3 \geqslant r_1$.

类似地,$r_3 \geqslant c_1$.

假设方格表中带阴影单元格的总数小于 $6m$.

其次证明 $r_1 > r_3$，$c_1 > c_3$，从而，由 $r_1 > r_3 \geqslant c_1 > c_3 \geqslant r_1$ 推出矛盾.

先证明 $r_1 > r_3$（$c_1 > c_3$ 类似）.

注意到，方格表中所有行均有带阴影单元格（否则，每列必须至少有两个带阴影单元格，从而，带阴影单元格总数至少是 $8m > 6m$，矛盾）.

于是，对行计数得

$$r_1 + \frac{r_2}{2} + \frac{r_3}{3} \geqslant 4m, \qquad ①$$

对带阴影单元格计数得

$$r_1 + r_2 + r_3 < 6m. \qquad ②$$

$3 \times ① - 2 \times ②$ 得

$$r_1 - r_3 > \frac{r_2}{2} \geqslant 0.$$

从而，结论成立.

证法 2：考虑二部图 $R + C$，其中，R，C 中各有 $4m$ 个点，分别代表方格表的 $4m$ 行、$4m$ 列. 若某行和某列相交于一个带阴影单元格，则在它们对应的点之间连一条边. 于是，带阴影单元格的数目就等于图中的边数.

此时，条件等价于对任意 $r \in R$，$c \in C$ 有

$$\deg r + \deg c - \varepsilon(r, c) \geqslant 2,$$

其中，若 r 与 c 之间有边相连，则 $\varepsilon(r, c) = 2$，否则，$\varepsilon(r, c) = 0$.

同证法 1，知方格表中所有的行和列均有带阴影单元格，故图中没有孤立的点.

从而，每个连通分支的边数均不少于 1.

又由条件，知每条边至少与其他两条边有公共点，故每个连通分支至少有三条边.

注意到，二部图中不存在三角形. 于是，每个连通分支至少有四个点. 从而，图中至多有 $\frac{2 \times 4m}{4} = 2m$ 个连通分支. 在每个连通分支中，边数至少为点数减 1，对所有连通分支求和即知图中至少有 $8m - 2m = 6m$ 条边.

【注】在证法 1 中，带阴影单元格的个数的最小值 $6m$ 可以取到当且仅当

$$r_1 = r_3 = c_1 = c_3 = 3m, r_2 = c_2 = 0,$$

且不存在有不少于四个带阴影单元格的行或列.

对 $n \times n (n \geqslant 2)$ 的方格表讨论同样的问题. 由证法 2 的讨论，知带阴影单元格的个数不少于

$$
\begin{cases}
\dfrac{3n}{2}, & 4 \mid n \\[2mm]
\dfrac{3n+1}{2}, & n \text{ 为奇数} \\[2mm]
\dfrac{3n}{2}+1, & 4 \mid (n-2)
\end{cases}
.
$$

为构造相应的满足要求的添加阴影的方式 C_n，先构造 C_2，C_3，C_4，C_5，如图 3 所示.

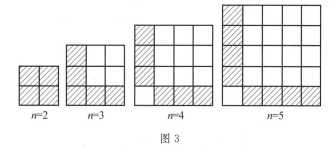

图 3

当 $n \equiv 0 \pmod 4$ 时，沿 C_n 的主对角线连续布置 $\dfrac{n}{4}$ 块 C_4 即可.

当 $n \equiv r \pmod 4$（$r = 2, 3$）时，沿 C_n 的主对角线连续布置 $\left[\dfrac{n}{4}\right]$ 块 C_4 和一块 C_r 即可.

当 $n \equiv 1 \pmod 4$ 时，沿 C_n 的主对角线连续布置 $\left[\dfrac{n}{4}\right] - 1$ 块 C_4 和一块 C_5 即可.

这样的添加阴影的方案不是唯一的. 事实上，将行和列进行置换得到的添加阴影的方式均是等价的. 例如，当 $n = 6$ 时，图 4 中的两种添加阴影的方式是等价的.

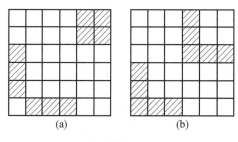

(a)　　　　(b)

图 4

❹ 已知半径相等的两个圆 Γ_1，Γ_2 交于 X_1，X_2 两点，圆 Γ 与圆 Γ_1 外切于点 T_1，且与圆 Γ_2 内切于点 T_2. 证明：直线 $X_1 T_1$ 与 $X_2 T_2$ 的交点在圆 Γ 上.

证法 1 如图 5 所示,设直线 $X_k T_k$ 与圆 Γ 的另一个交点为 X'_k,过点 X_k 的圆 Γ_k 的切线为 t_k,过点 X'_k 的圆 Γ 的切线为 $t'_k(k=1,2)$.

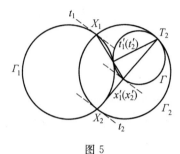

图 5

注意到,$t_k \parallel t'_k$.

又由圆 Γ_1,Γ_2 是等圆,知 $t_1 \parallel t_2$.

因此,$t'_1 \parallel t'_2$.

因为点 X'_1 与 X'_2 位于直线 $T_1 T_2$ 的同侧,它们不可能是对径点,所以,X'_1 与 X'_2 重合. 结论得证.

证法 2 如图 5 所示,注意到,圆 Γ 是在以 $T_k(k=1,2)$ 为位似中心的位似变换 h_k 下圆 Γ_k 的象.

从而,圆 Γ 在点 $X'_k = h_k(X_k)$ 处的切线 t'_k 与圆 Γ_k 在点 X_k 处的切线 t_k 平行.

由圆 Γ_1,Γ_2 是等圆,知 $t_1 \parallel t_2$.

故点 X'_1 与 X'_2 重合.

又由 X_k,T_k,X'_k 三点共线,知结论得证.

【注】 证法 2 中两个位似变换的乘积 $h_1 h_2$ 是以线段 $X_1 X_2$ 的中点为中心的中心反射变换,这个点在直线 $T_1 T_2$ 上.

本题方法较多,利用相似法、根轴法、反演法等方法均可得到结论.

---

⑤ 设 k,n 为整数,$k \geqslant 2$,$k \leqslant n \leqslant 2k-1$.现将一些 $1 \times k$ 或 $k \times 1$ 的矩形纸片放置在 $n \times n$ 的方格表上,使得每张纸片恰覆盖 k 个单元格,且任意两张纸片没有重叠,直至不能再放入新的纸片. 对任意这样的 k,n,试求所有满足要求的放置方法中所放置的纸片数目的最小可能值.

解 当 $n=k$ 时,所求最小值为 n.

当 $k < n < 2k$ 时,所求最小值为 $\min\{n, 2n-2k+2\}$.

当 $n=k$ 时,结论显然成立.

以下假设 $k < n < 2k$.

若 $k < n < 2k-1$,则

$$\min\{n, 2n-2k+2\} = 2n-2k+2.$$

此时,可在方格表中按如下方式放置 $2n-2k+2$ 张纸片.

先在正方形区域 $[0, k+1] \times [0, k+1]$ 中放置四张纸片,分别覆盖区域

$$[0, k] \times [0, 1], [0, 1] \times [1, k+1],$$
$$[1, k+1] \times [k, k+1], [k, k+1] \times [0, k].$$

然后,在区域 $[1, k+1] \times [k+1, n]$ 中水平地放置 $n-k-1$ 张纸片,在区域 $[k+1, n] \times [1, k+1]$ 中竖直地放置 $n-k-1$ 张纸片.从而,总共放置了 $2n-2k+2$ 张纸片,易知,此时不能再放入新的纸片.

若 $n = 2k-1$,则

$$\min\{n, 2n-2k+2\} = n = 2k-1.$$

此时,可以在方格表中按如下方式放置 $n = 2k-1$ 张纸片.

先在矩形区域 $[0, k] \times [0, k-1]$ 中水平地放置 $k-1$ 张纸片,在矩形区域 $[0, k] \times [k, 2k-1]$ 中水平地放置 $k-1$ 张纸片.然后,再放置一张纸片覆盖区域 $[k-1, 2k-1] \times [k-1, k]$.从而,总共放置了 $2k-1$ 张纸片,易知,此时不能再放入新的纸片.

下面证明:满足要求的放置方法中至少有 $\min\{n, 2n-2k+2\}$ 张纸片.

设在满足要求的放置方法中,没有包含一张完整的纸片的行和列的数目分别为 r 和 c.

若 $r = 0$ 或 $c = 0$,则至少放置了 n 张纸片.

若 r 和 c 均不等于 0,接下来证明,此时至少放置了 $2n-2k+2$ 张卡片.

在满足要求的放置方法中,考虑某个水平的纸片 T.

由 $n < 2k$,知与 T 最近的方格表的水平边界线和 T 所在的行之间至多相距 $k-1$ 行.这些行与 T 穿过的 k 列相交,形成一个矩形区域,这些区域不能放入竖直的纸片.从而,其中每行均必须放置一张水平的纸片.于是,所有的没有包含一张完整的纸片的行(或列)均是连续的.这表明,所有这样的 r 行和 n 列构成一个 $r \times c$ 的矩形区域,易知,

$$r < k, c < k.$$

从而,至少有 $n-r(n-r \geqslant n-k+1)$ 行,每行至少包含一张水平的纸片,也至少有 $n-c(n-c \geqslant n-k+1)$ 列,每列至少包含一张竖直的纸片.因此,至少放置了 $2n-2k+2$ 张纸片.

综上,所求的最小值为

$$\min\{n, 2n-2k+2\}(k < n < 2k).$$

❻ 设 $S = \{n \in \mathbf{Z}_+ \mid$ 存在 $n^2 + 1 \leqslant d \leqslant n^2 + 2n$，使得 $d \mid n^4\}$.
证明：对于 $m \in \mathbf{Z}$，集合 S 中形如 $7m, 7m+1, 7m+2, 7m+5$，$7m+6$ 的元素均有无穷多个，且 S 中没有形如 $7m+3$ 或 $7m+4$ 的元素.

解 先证明一个引理.

引理：$n \in S$ 当且仅当 $2n^2 + 1$ 与 $12n^2 + 9$ 中至少有一个为完全平方数.

引理的证明：设 $d = n^2 + m \, (1 \leqslant m \leqslant 2n)$ 为 n^4 的约数，则

$$n^2 = d - m \Rightarrow d \mid m^2 \Rightarrow \frac{m^2}{d} \in \mathbf{Z}_+.$$

由 $n^2 < d < (n+1)^2 \Rightarrow \dfrac{m^2}{d} \neq 1 \Rightarrow \dfrac{m^2}{d} \geqslant 2.$

由 $1 \leqslant m \leqslant 2n \Rightarrow \dfrac{m^2}{d} = \dfrac{m^2}{n^2 + m} \leqslant \dfrac{4n^2}{n^2 + 1} < 4$

$$\Rightarrow \frac{m^2}{n^2 + m} = 2 \text{ 或 } 3.$$

当 $\dfrac{m^2}{n^2 + m} = 2$ 时，$2n^2 + 1 = (m-1)^2$.

当 $\dfrac{m^2}{n^2 + m} = 3$ 时，$12n^2 + 9 = (2m-3)^2$.

反之，若存在正整数 m，使得

$$2n^2 + 1 = m^2,$$

则 $1 < m^2 < 4n^2 \Rightarrow 1 < m < 2n$

$$\Rightarrow n^4 = (n^2 + m + 1)(n^2 - m + 1),$$

其中，前一个因式就是满足要求的约数.

若存在正整数 m，使得 $12n^2 + 9 = m^2$，则 m 为奇数，$n \geqslant 6$，且

$$n^4 = \left(n^2 + \frac{m+3}{2}\right)\left(n^2 - \frac{m-3}{2}\right),$$

其中，前一个因式就是满足要求的约数.

引理得证.

由引理，知正整数 $n \in S$ 当且仅当存在正整数 m，使得

$$m^2 - 2n^2 = 1 \tag{①}$$

或 $$m^2 - 12n^2 = 9. \tag{②}$$

方程 ① 是佩尔方程，其所有正整数解为

$$(m_1, n_1) = (3, 2),$$

$$(m_{k+1}, n_{k+1}) = (3m_k + 4n_k, 2m_k + 3n_k),$$

其中，$k = 1, 2, \cdots$.

在下面的过程中,所有的同余关系均是在模 7 的意义下进行的.

由递推关系知

$$(m_{k+3}, n_{k+3}) \equiv (m_k, n_k).$$

由

$$(m_1, n_1) \equiv (3, 2),$$
$$(m_2, n_2) \equiv (3, -2),$$
$$(m_3, n_3) \equiv (1, 0),$$

知 S 中模 7 的余数为 0 或 ± 2 的元素均有无穷多个.

方程 ② 很容易转化成佩尔方程.

注意到,方程中的 m, n 均为 3 的倍数.

设 $m = 3m', n = 3n'$,则方程转化为

$$m'^2 - 12n'^2 = 1.$$

从而,方程 ② 的所有正整数解为

$$(m_1, n_1) \equiv (21, 6),$$
$$(m_{k+1}, n_{k+1}) = (7m_k + 24n_k, 2m_k + 7n_k).$$

由递推关系知

$$(m_{k+4}, n_{k+4}) = (m_k, n_k).$$

由

$$(m_1, n_1) \equiv (0, -1),$$
$$(m_2, n_2) \equiv (-3, 0),$$
$$(m_3, n_3) \equiv (0, 1),$$
$$(m_4, n_4) \equiv (3, 0),$$

知 S 中模 7 的余数为 0 或 ± 1 的元素均有无穷多个.

由引理,知上述两个方程的解 n_k 遍历了 S 中的所有元素.

因此,S 中不存在模 7 同余 ± 3 的元素.

2017 年欧洲女子数学奥林匹克

❶ 在凸四边形 $ABCD$ 中，$\angle DAB = \angle BCD = 90°$，$\angle ABC > \angle CDA$，$Q,R$ 分别为线段 BC,CD 上的点，直线 QR 与 AB,AD 分别交于点 P,S，且 $PQ = RS$. 设 M,N 分别为线段 BD,QR 的中点. 证明：A,M,N,C 四点共圆.

证明 如图 1 所示.

因为 N 是线段 PS 的中点，所以，在 $\mathrm{Rt}\triangle PAS$，$\mathrm{Rt}\triangle CQR$ 中，分别有

$$\angle ANP = 2\angle ASP,$$
$$\angle CNQ = 2\angle CRQ.$$

则
$$\angle ANC = \angle ANP + \angle CNQ$$
$$= 2(\angle ASP + \angle CRQ)$$
$$= 2(\angle RSD + \angle DRS)$$
$$= 2\angle ADC.$$

类似地，在 $\mathrm{Rt}\triangle BAD$，$\mathrm{Rt}\triangle BCD$ 中有
$$\angle AMC = 2\angle ADC.$$

故 $\angle AMC = \angle ANC$.

从而，A,M,N,C 四点共圆.

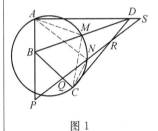

图 1

❷ 设 k 为正整数，假设可以用 k 种颜色对全体正整数染色，并存在函数 $f:\mathbf{Z}_+ \to \mathbf{Z}_+$，满足如下条件.

(1) 对同色的正整数 m,n（允许相同），均有 $f(m+n) = f(m) + f(n)$.

(2) 存在正整数 m,n（允许相同），使得
$$f(m+n) \neq f(m) + f(n).$$

求 k 的最小值.

解 k 的最小值为 3.

先构造 $k=3$ 的例子.

令
$$f(n) = \begin{cases} 2n, & n \equiv 0 \pmod 3 \\ n, & n \equiv 1,2 \pmod 3 \end{cases},$$

则 $f(1)+f(2)=3\neq f(3)$ 满足条件(2).

同时,将模 3 余 $0,1,2$ 的数分别染成三种不同的颜色,于是:

(i) 对任意 $x\equiv y\equiv 0(\bmod 3)$,有
$$x+y\equiv 0(\bmod 3)$$
$$\Rightarrow f(x+y)=\frac{x+y}{3}=f(x)+f(y).$$

(ii) 对任意 $x\equiv y\equiv 1(\bmod 3)$,有
$$x+y\equiv 2(\bmod 3)$$
$$\Rightarrow f(x+y)=x+y=f(x)+f(y).$$

(ii) 对任意 $x\equiv y\equiv 2(\bmod 3)$,有
$$x+y\equiv 1(\bmod 3)$$
$$\Rightarrow f(x+y)=x+y=f(x)+f(y).$$

由此,知条件(1)也满足,从而,$k=3$ 满足题意.

再证明 $k=2$ 不成立.

仅需证明 $k=2$ 时,对一切满足条件(1)的函数 f 与染色方案,均有
$$f(n)=nf(1)(n\in \mathbf{Z}_+),\qquad ①$$
与条件(2) 矛盾.

在条件(1) 中取 $m=n$,则
$$f(2n)=2f(n)(n\in \mathbf{Z}_+).\qquad ②$$

接下来,证明
$$f(3n)=3f(n)(n\in \mathbf{Z}_+).\qquad ③$$

对任意正整数 n,由式 ② 知
$$f(2n)=2f(n),f(4n)=4f(n),$$
$$f(6n)=2f(3n).$$

若 n 与 $2n$ 同色,则
$$f(3n)=f(2n)+f(n)=3f(n),$$
式 ③ 成立.

若 $2n$ 与 $4n$ 同色,则
$$f(3n)=\frac{1}{2}f(6n)=\frac{1}{2}\Big[f(4n)+f(2n)\Big]$$
$$=3f(n),$$
式 ③ 亦成立.

否则,$2n$ 与 $n,4n$ 均异色,故 n 与 $4n$ 同色.

此时,若 n 与 $3n$ 同色,则
$$f(3n)=f(4n)-f(n)=3f(n),$$
式 ③ 成立.

若 n 与 $3n$ 异色,$2n$ 与 $3n$ 同色,则

$$f(3n) = f(4n) + f(n) - f(2n) = 3f(n),$$

式 ③ 亦成立.

至此,式 ③ 得证.

假设命题 ① 不成立,则存在正整数 m,使得

$$f(m) \neq mf(1).$$

不妨取 m 最小,则由式 ②③ 知 $m \geq 5$,且 m 为奇数. 否则,由 m 的最小性知

$$f\left(\frac{m}{2}\right) = \frac{m}{2}f(1),$$

故 $f(m) = 2f\left(\frac{m}{2}\right) = mf(1)$,矛盾.

考虑 $\dfrac{m-3}{2} < \dfrac{m+3}{2} < m$ 这三个数.

同样地,由 m 的最小性知

$$f\left(\frac{m-3}{2}\right) = \frac{m-3}{2}f(1),$$

$$f\left(\frac{m+3}{2}\right) = \frac{m+3}{2}f(1).$$

故 $\dfrac{m-3}{2}, \dfrac{m+3}{2}$ 异色. 否则

$$f(m) = f\left(\frac{m-3}{2}\right) + f\left(\frac{m+3}{2}\right) = mf(1),$$

矛盾.

因此,m 恰与 $\dfrac{m-3}{2}, \dfrac{m+3}{2}$ 中的一个同色.

设 m 与 $\dfrac{m+3p}{2}(p \in \{-1,1\})$ 同色.

注意到,$\dfrac{m+p}{2} < m$,则

$$f(m) + f\left(\frac{m+3p}{2}\right)$$

$$= f\left(3 \cdot \frac{m+p}{2}\right)$$

$$= 3f\left(\frac{m+p}{2}\right) = \frac{3(m+p)}{2}f(1)$$

$$\Rightarrow f(m) = mf(1),$$

矛盾.

故命题 ① 得证,即证明了 k 的最小值为 3.

❸ 平面上有 2 017 条直线,其中,任意三条不共点. 一只蜗牛从某条直线上不为交点的一点任选一个方向出发,按照下述方法在直线上运动:蜗牛只在交叉点处转弯,且总是轮流左转和右转(首次转弯的方向可以任选);若未遇到交叉点,则蜗牛保持运动状态不变. 是否存在一条线段,使得蜗牛在一次运动中可以从两个方向穿过该线段?

解　不存在这样的线段.

先证明一个引理.

引理:可以将直线分成的区域以黑、白两色染色,使得相邻区域不同色(两个区域相邻当且仅当它们有公共边).

引理的证明:对直线条数 n 应用数学归纳法.

$n=1$ 的情形是平凡的.

假设命题对 n 成立. 考虑 $n+1$ 的情形.

先从 $n+1$ 条直线中删去某一条直线 l,则由归纳假设,其余 n 条直线分成的区域可以交替地以黑、白两色染色. 再加入直线 l,并使直线 l 一侧的所有区域变色,而另一侧不变. 容易验证,此时相邻区域仍不同色.

引理得证.

不妨设蜗牛出发时左侧为白色区域,右侧为黑色区域.

在任意一个交叉点,若蜗牛左转,则其左侧仍为白色区域(说明右侧仍为黑色);若蜗牛右转,则其右侧仍为黑色区域(说明左侧仍为白色). 这表明,任意时刻蜗牛的左侧均为白色区域,右侧均为黑色区域.

因此,满足要求的线段不存在.

【注】题设中"轮流左转和右转"这一条件是多余的.

❹ 设 $t_1 < t_2 < \cdots < t_n$ 为 $n(n \in \mathbf{Z}_+)$ 个正整数. 现有 $t_n + 1$ 名选手参加象棋比赛,任意两名选手之间至多下一盘棋. 证明:存在一种对局安排,使得下述两个条件同时满足.

(1) 每名选手下棋的盘数均属于集合 $\{t_1, t_2, \cdots, t_n\}$.

(2) 对每个 $i(1 \leqslant i \leqslant n)$,存在一名选手恰好下了 t_i 盘棋.

证明　记 $T = \{t_1, t_2, \cdots, t_n\}$.

命题用图论语言可等价地表述:

存在 $t_n + 1$ 阶简单图 G 具有性质 $P(T)$:$\{\deg_G v \mid v \in V(G)\} = T$,其中,$\deg_G v$ 表示在图 G 中顶点 v 的度,$V(G)$ 表示 G 的顶点集.

对 $n=|T|$ 应用数学归纳法.

当 $n=1$ 时,设 $T=\{t\}$,取图 G 为 $t+1$ 阶完全图 K_{t+1} 具有性质 $P(T)$.

假设命题对 $n-1$ 成立.考虑 n 的情形.

设此时 T 有 $n\geqslant 2$ 个元素 $t_1<t_2<\cdots<t_n$.

令集合

$$T'=\{t_n-t_{n-1},t_n-t_{n-2},\cdots,t_n-t_1\}.$$

由归纳假设,存在 t_n-t_1+1 阶图 G' 具有性质 $P(T')$.

现将 t_1 个新顶点加入 $V(G')$,并令这些点的度为 0,则得到 t_n+1 阶图 G''.

下面证明:图 G'' 的补图 G 具有性质 $P(T)$.

事实上,对任意的 $t\in T\backslash\{t_n\}$,$t_n-t\in T'$,存在 $v_0\in V(G'')$,使得

$$\deg_{G''}v_0=t_n-t.$$

由补图的定义,知 $\deg_G v_0=t$.

对于 $t=t_n$,任取 t_1 个新顶点中的一个 u_0,则 $\deg_{G''}u_0=0$,故 $\deg_G u_0=t_n$.

至此,命题对 n 也成立.

---

❺ 设正整数 $n\geqslant 2$,称 n 元数组 $(a_1,a_2,\cdots,a_n)$ 为"昂贵数组"(数组中允许出现相同的数),当且仅当存在正整数 k,满足

$$(a_1+a_2)(a_2+a_3)\cdots(a_{n-1}+a_n)(a_n+a_1)=2^{2k-1}.$$

(1)求一切正整数 $n\geqslant 2$,使得存在 n 元昂贵数组.

(2)证明:对任意正奇数 m,存在正整数 $n\geqslant 2$,使得 m 在某一 n 元昂贵数组中.

解 (1)所求 n 为一切大于 1 的奇数.

注意到,对于任意奇数 $n\geqslant 3$,n 元数组 $(1,1,\cdots,1)$ 均为昂贵数组.

下面证明:对于任意偶数 $n\geqslant 4$,若存在 n 元昂贵数组,则也存在 $n-2$ 元昂贵数组.

事实上,设 $(a_1,a_2,\cdots,a_n)$ 为 n 元昂贵数组,不妨再设 $a_n=\max\limits_{1\leqslant i\leqslant n}a_i$,易见

$$a_{n-1}+a_n\leqslant 2a_n<2(a_n+a_1),$$
$$a_n+a_1\leqslant 2a_n<2(a_{n-1}+a_n).$$

由题意,知 $a_{n-1}+a_n$ 与 a_n+a_1 均为 2 的正整数次幂,故只能是

$$a_{n-1}+a_n=a_n+a_1\triangleq 2^r(r\in\mathbf{Z}_+).$$

由上式知 $a_{n-1} = a_1$.

考虑 $n-2$ 元数组 $(a_1, a_2, \cdots, a_{n-2})$，则

$$\Big(\prod_{i=1}^{n-3}(a_i + a_{i+1})\Big)(a_{n-2} + a_1)$$

$$\Big(\prod_{i=1}^{n-1}(a_i + a_{i+1})\Big)(a_n + a_1)$$

$$= \frac{\Big(\prod_{i=1}^{n-1}(a_i + a_{i+1})\Big)(a_n + a_1)}{(a_{n-1} + a_n)(a_n + a_1)} = 2^{2(k-r)-1} \qquad ①$$

故 $(a_1, a_2, \cdots, a_{n-2})$ 为 $n-2$ 元昂贵数组.

由此，若存在偶数元昂贵数组，则必存在二元昂贵数组 (a_1, a_2)，即

$$(a_1 + a_2)^2 = 2^{2k-1}.$$

但式 ① 右端不为完全平方数，矛盾.

因此，所求 n 为一切大于 1 的奇数.

【注】也可对 $\sum_{i=1}^{n} a_i$ 应用数学归纳法进行证明.

（2）对 m 应用数学归纳法.

显然，1 在三元昂贵数组 $(1,1,1)$ 中，故小于 2 的所有正奇数均在某个昂贵数组中.

假设小于 $2^k (k \in \mathbf{Z}_+)$ 的所有正奇数均在某个昂贵数组中.下面考虑 $(2^k, 2^{k+1})$ 中的奇数.

对任意奇数 $s \in (2^k, 2^{k+1})$，有

$$r = 2^{k+1} - s \in (0, 2^k)$$

为奇数，则 r 在某个 n 元昂贵数组中，不妨设为 $(a_1, a_2, \cdots, a_{n-1}, r)$.

由题意知

$$\Big(\prod_{i=1}^{n-2}(a_i + a_{i+1})\Big)(a_{n-1} + r)(r + a_1) = 2^{2l-1} (l \in \mathbf{Z}_+),$$

故　$\Big(\prod_{i=1}^{n-2}(a_i + a_{i+1})\Big)(a_{n-1} + r)(r + s) \cdot (s + r)(r + a_1)$

$$= 2^{2l-1} \cdot 2^{2(k+1)} = 2^{2(k+l+1)-1},$$

即 $(a_1, a_2, \cdots, a_{n-1}, r, s, r)$ 也为昂贵数组，且包含 s.

由此，小于 2^{k+1} 的所有正奇数均在某个昂贵数组中.

命题得证.

---

❻ 在不等边锐角 $\triangle ABC$ 中，重心 G、外心 O 关于 BC, CA，AB 的对称点分别记为 G_1, G_2, G_3 和 O_1, O_2, O_3. 证明：$\triangle G_1 G_2 C, \triangle G_1 G_3 B, \triangle G_2 G_3 A, \triangle O_1 O_2 C, \triangle O_1 O_3 B, \triangle O_2 O_3 A$ 与 $\triangle ABC$ 的外接圆有一个公共点.

证明　为叙述方便,记 $\triangle XYZ$ 的外接圆为圆 (XYZ);若无特殊说明,点 X 关于 BC,CA,AB 的对称点分别记为 X_1,X_2,X_3.

先证明一个引理.

引理:如图 2 所示,若 P 为 $\triangle ABC$ 内一点,则圆 (P_1P_2C),圆 (P_1P_3B),圆 (P_2P_3A) 交于圆 (ABC) 上一点 T_P.

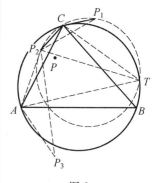

图 2

引理的证明:设圆 (P_1P_2C) 与圆 (ABC) 交于另一点 T(与点 C 不重合;若两圆相切,则点 T 与 C 重合).

下面仅需证明点 T 也在圆 (P_1P_3B),圆 (P_2P_3A) 上.

由对称性知 $P_1C=P_2C$,则

$$\angle CTP_2=\angle CP_1P_2=90°-\frac{1}{2}\angle P_2CP_1=90°-\angle ACB.$$

类似地,$\angle AP_3P_2=90°-\angle BAC$,故

$$\begin{aligned}\angle P_2TA&=\angle CTA-\angle CTP_2\\&=\angle CBA-(90°-\angle ACB)\\&=90°-\angle BAC=\angle P_2P_3A.\end{aligned}$$

从而,点 T 在圆 (P_2P_3A) 上.

类似地,点 T 在圆 (P_1P_3B) 上.

引理得证.

为叙述方便,对某一点 P,上述四圆所共点记为 T_P.

特别地,由上述证明,知 T_P 为圆 (ABC) 上满足 $\angle CT_PP_2=90°-\angle ACB$ 的唯一点(此结论记作结论 A).

如图 3 所示,设 H 为 $\triangle ABC$ 的垂心,则由熟知结论,知点 H_2 在圆 (ABC) 上.

而 G,O,H 三点共线(欧拉线),于是,由对称性,知 G_2,O_2,H_2 三点也共线.

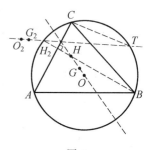

图 3

设 G_2H_2 与圆 (ABC) 的另一个交点为 T(与 H_2 不重合),下面只需证明:T,T_G,T_O 三点重合.

事实上

$$\begin{aligned}\angle CTG_2&=\angle CTO_2=\angle CTH_2\\&=\angle CBH_2=90°-\angle ACB.\end{aligned}$$

由结论 A 即得 T,T_G,T_O 三点重合.

由此,七圆共点于 T,命题得证.

【注】本题证明方法很多,读者可尝试利用欧拉线 e 及其关于 BC,CA,AB 的对称直线 e_1,e_2,e_3 的性质证明(事实上,e_1,e_2,e_3 三线共点于 T)或利用复数计算.

2018 年欧洲女子数学奥林匹克

❶ 在 $\triangle ABC$ 中, $CA = CB$, $\angle ACB = 120°$, M 为边 AB 的中点. 设 P 为 $\triangle ABC$ 外接圆 Γ 上的一个动点, Q 为线段 CP 上一点, 且满足 $QP = 2QC$. 已知过点 P 且垂直于线段 AB 的直线与直线 MQ 交于唯一一点 N. 证明: 当点 P 在圆 Γ 上运动时, 点 N 恒在一定圆上.

证明 如图 1 所示, 设 $\triangle ABC$ 的外心为 O, 圆 Γ' 是以 C 为圆心、CO 为半径的圆.

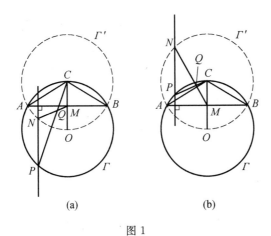

图 1

由 $PN \perp AB$, $CO \perp AB \Rightarrow PN /\!/ CO \Rightarrow \dfrac{NP}{MC} = \dfrac{QP}{QC} = 2$.

易知, M 为线段 CO 的中点, 则 $NP = 2MC = CO$, 即 $\overrightarrow{PN} = \overrightarrow{OC}$.

注意到, 圆 Γ' 可由圆 Γ 沿 $\overrightarrow{OC}$ 平移得到.

故由点 P 在圆 Γ 上, 知点 N 在圆 Γ' 上. 命题得证.

❷ 考虑集合 $A = \left\{ 1 + \dfrac{1}{k} \,\middle|\, k = 1, 2, \cdots \right\}$.

（1）证明：每一个整数 $x \geqslant 2$ 均可表示成 A 中至少一个元素之积（可以相等）.

（2）对一切整数 $x \geqslant 2$，记 $f(x)$ 为最小的正整数，使得 x 可表示成 A 中 $f(x)$ 个元素之积（可以相等）. 证明：存在无穷多对正整数 (x, y)，满足 $x, y \geqslant 2$，且
$$f(xy) < f(x) + f(y). \qquad\qquad ①$$

说明：有序数对 (x_1, y_1) 与 (x_2, y_2) 不同，当且仅当 $x_1 \neq x_2$ 或 $y_1 \neq y_2$.

证明　（1）注意到
$$x = \prod_{k=1}^{x-1} \frac{k+1}{k} = \prod_{k=1}^{x-1} \left(1 + \frac{1}{k} \right).$$

命题显然成立.

（2）先证明：$(x, y) = (7, 7)$ 满足式 ①.

事实上，由 $2^3 > 7$ 及 $2^2 \times \dfrac{3}{2} < 7$，知
$$f(7) \geqslant 4.$$

由 $49 = \left(1 + \dfrac{1}{1} \right) \left(1 + \dfrac{1}{2} \right) \cdots \left(1 + \dfrac{1}{48} \right)$，知
$$f(49) \leqslant 7.$$

故 $(x, y) = (7, 7)$ 满足式 ①.

再利用反证法证明原命题.

假设原命题不成立，即只存在有限多对 (x, y) 满足不等式 ①.

由定义知对一切 (x, y)，均有
$$f(xy) \leqslant f(x) + f(y).$$

于是，存在 $M \in \mathbf{Z}_+$ 满足：对任意 (x, y)，若 $x > M$ 或 $y > M$，则
$$f(xy) = f(x) + f(y).$$

取 $n = M + 1 > M$，$x = y = 7$，故
$$\begin{aligned}
f(n) + f(xy) &= f(nxy) = f(nx) + f(y) \\
&= f(n) + f(x) + f(y) \\
&\Rightarrow f(xy) = f(x) + f(y),
\end{aligned}$$

矛盾.

因此，假设不成立，命题得证.

❸ 某届赛事有 n 名选手 $C_1, C_2, \cdots, C_n$ 参赛. 比赛结束后, 所有选手按以下规则在餐厅门口排队等候就餐:

(i) 组委会安排各选手在队伍中的初始位置.

(ii) 每一分钟, 组委会选择一个整数 $i(1 \leqslant i \leqslant n)$, 若选手 C_i 前方有至少 i 名选手, 则她向组委会支付一欧元, 并在队伍中向前移动 i 位; 若选手 C_i 前方只有少于 i 名选手, 则等候过程结束, 餐厅将开门迎客.

(1) 证明: 无论组委会如何选择, 上述过程将在有限步内结束.

(2) 对给定正整数 n, 求组委会所能得到欧元数的最大值 (组委会可任意选择最有利的初始位置和移动顺序).

解 (1) 选手的排队顺序可视为集合 $\{1, 2, \cdots, n\}$ 的一个排列 σ. 换言之, 选手 $C_{\sigma(i)}$ 站在队伍中的第 i 位.

设

$$R(\sigma) = \{(i, j) \mid 1 \leqslant i < j \leqslant n, \sigma(i) > \sigma(j)\},$$
$$W(\sigma) = \sum_{(i,j) \in R(\sigma)} 2^i,$$

约定 $R(\sigma) = \varnothing$ 时, 有 $W(\sigma) = 0$.

反证法.

假设存在一种移动顺序, 可使操作永不结束.

设排列 σ 经过一次操作后变为排列 σ', 则

$$W(\sigma') \leqslant W(\sigma) - 1.$$

事实上, 设该操作中组委会选择数字 i. 由于选手 C_i 恰前移 i 位, 而序号小于 i 的选手只有 $i-1$ 个, 故 C_i 至少越过一个序号大于自己的选手 C_j, 即 $j > i$.

于是, $(i, j) \in R(\sigma) \backslash R(\sigma')$, 即

$$\sum_{(u,v) \in R(\sigma) \backslash R(\sigma')} 2^u \geqslant 2^i.$$

考虑 $R(\sigma') \backslash R(\sigma)$ 中的元素, 其具有形式 $(k, i)(1 \leqslant k < i)$, 则

$$\sum_{(u,v) \in R(\sigma') \backslash R(\sigma)} 2^u \leqslant \sum_{k=1}^{i-1} 2^k = 2^i - 1.$$

故

$$W(\sigma) - W(\sigma')$$
$$= \sum_{(u,v) \in R(\sigma) \backslash R(\sigma')} 2^u - \sum_{(u,v) \in R(\sigma') \backslash R(\sigma)} 2^u$$
$$\geqslant 1.$$

由于对任意的排列 σ, $W(\sigma)$ 均为自然数, 因此, 操作必然在有限步内结束.

(2) 注意到

$$W(\sigma) \leqslant \sum_{i=1}^{n}(i-1)2^i = 2^n - n - 1,$$

等号成立当且仅当 σ 为倒序排列.

由(1),知操作至多进行 $2^n - n - 1$ 步,即组委会得到的欧元不超过 $2^n - n - 1$ 欧元.

下面归纳构造例子,说明组委会能确保得到 $2^n - n - 1$ 欧元.

开始时,组委会将所有选手按编号倒序排列;结束时,所有选手按编号正序排列(此时,组委会显然不能再进行任何操作).

当 $n=2$ 时,组委会先选择 C_1. 此时,选手正序排列,组委会得到一欧元结束操作.

假设有 n 名选手时,组委会按照已定义的策略,可确保得到 $2^n - n - 1$ 欧元. 于是,在有 $n+1$ 名选手时,组委会先对后 n 名选手进行 $2^n - n - 1$ 步操作,使其恢复正序排列;随后,依次选择 1, $2,\cdots,n$,使 C_{n+1} 来到队尾,且前 n 名选手恢复倒序排列;最后,组委会再对前 n 名选手进行 $2^n - n - 1$ 步操作,使其恢复正序排列.

如此,组委会共进行

$$2(2^n - n - 1) + n = 2^{n+1} - (n+1) - 1$$

次操作,使所有选手正序排列. 至此,组委会至多能得到 $2^n - n - 1$ 欧元.

---

❹ 多米诺骨牌(以下简称骨牌)是大小为 1×2 或 2×1 的长方形牌. 设 n 为不小于 3 的整数,在 $n\times n$ 的棋盘上放置骨牌,使得每块骨牌恰覆盖棋盘的两个格,且骨牌之间不重叠. 定义棋盘中某一行(或列)的特征数是至少覆盖该行(或列)中一个格的骨牌数目. 称一种骨牌的放置方式是"平衡的"当且仅当存在正整数 k,使得棋盘上各行、各列的特征数均为 k. 证明:对一切 $n\geqslant 3$,均存在平衡的骨牌放置方式,并求出所需骨牌数 D 的最小值.

证明　$D_{\min} = \begin{cases} \dfrac{2n}{3}, & 3\mid n \\ 2n, & 3\nmid n \end{cases}.$

先证明:骨牌数不能取到比上述值更小的值.

事实上,考虑棋盘的行(或列)与骨牌构成的有序对.

我们称骨牌 d 与棋盘的某行(或列)l "相交",当且仅当它们有公共格.

记 $S = \{(l,d) \mid$ 骨牌 d 与行(或列)l 相交$\}$.

由每行(或列)均恰与 k 块骨牌相交,知 $|S| = 2nk$;又由每块骨牌均恰与 3 行(或列)相交,知 $|S| = 3D$.

故 $D = \dfrac{2nk}{3}(D, n, k \in \mathbf{Z}_+)$.

由简单的数论性质,知命题成立.再举例说明这一数目可以取到.

当 $3 \mid n$ 时,取 $k=1$,并将棋盘划分为 3×3 的正方形,在主对角线上的每个小正方形中均按图 2 方式摆放骨牌.易验证,这一放置方式是平衡的,且恰使用 $\dfrac{2n}{3}$ 块骨牌.

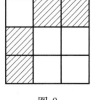

图 2

当 $3 \nmid n$ 时,取 $k=3$,并按下述方法构造:设 $n=4A+r(A \in \mathbf{N}$, $r \in \{4,5,6,7\})$.在棋盘的主对角线上,按图 3 所示方式依次放置 A 个 4×4 的正方形和 1 个 $r \times r$ 的正方形,同样易验证,这样的放置方式是平衡的,且恰使用 $2n$ 块骨牌.

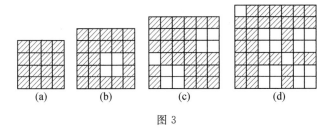

   (a)   (b)   (c)   (d)

图 3

❺ 设圆 Γ 为 $\triangle ABC$ 的外接圆,圆 Γ' 与直线 AB 切于点 U,同时与圆 Γ 切于点 V,且点 V,C 在直线 AB 同侧,$\angle BCA$ 的平分线与圆 Γ' 交于 P,Q 两点,与圆 Γ 交于点 M.证明:
$$\angle ABP = \angle QBC.$$

    证明   如图 4 所示,考虑以 V 为中心的位似变换 H,它将圆 Γ' 变为圆 Γ.

由于圆 Γ 在点 $H(U)$ 处的切线与 AB 平行,因此 $H(U)=M$,即 V,U,M 三点共线.

又 CM 为 $\angle BCA$ 的平分线,故

$$MA = MB, \angle MAU = \angle ABM = \angle MVA$$
$$\Rightarrow \triangle MAU \backsim \triangle MVA$$
$$\Rightarrow MB^2 = MA^2 = MV \cdot MU = MP \cdot MQ$$
$$\Rightarrow \triangle MBP \backsim \triangle MQB$$
$$\Rightarrow \angle MBP = \angle MQB.$$

而 $\angle MCB = \angle MAB = \angle MBA$,则

$$\angle QBC = \angle MQB - \angle MCB$$
$$= \angle MBP - \angle MBA = \angle PBA.$$

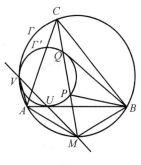

图 4

❻（1）证明：对一切实数 $t \in \left(0, \dfrac{1}{2}\right)$，均存在正整数 n，使得对一切 n 元正整数集 S，存在 S 中互异的元素 x, y 及自然数 m，满足

$$|x - my| \leqslant ty.$$

（2）是否对一切实数 $t \in \left(0, \dfrac{1}{2}\right)$，均存在无穷正整数集 S，使得 S 中任意互异的元素 x, y 及一切正整数 m，均满足 $|x - my| > ty$？

解　（1）取 n 为满足 $(1+t)^{n-1} \geqslant \dfrac{1}{t}$ 的正整数.

记 $S = \{s_1, s_2, \cdots, s_n\}$（$s_1 < s_2 < \cdots < s_n$）为 n 元正整数集. 分两种情况讨论.

(i) 若存在 i（$1 \leqslant i \leqslant n-1$），使得

$$s_{i+1} \leqslant (1+t)s_i,$$

则取 $x = s_{i+1}, y = s_i, m = 1$，故

$$|x - my| = s_{i+1} - s_i \leqslant ts_i.$$

(ii) 若对一切 $1 \leqslant i \leqslant n-1$，均有

$$s_{i+1} > (1+t)s_i,$$

则归纳易证 $s_n > (1+t)^{n-1}s_1$.

取 $x = s_1, y = s_n, m = 0$，故

$$|x - my| = s_1 < \frac{s_n}{(1+t)^{n-1}} \leqslant ts_n.$$

（2）这样的集合存在.

条件可改写为：对一切的 $\{x, y\} \subset S$ 及 $m \in \mathbf{Z}_+$，均有 $\left|\dfrac{x}{y} - m\right| > t.$

令函数 $d(\alpha) = \min\limits_{m \in \mathbf{Z}_+}\{|\alpha - m|\}$ 表示实数 α 到正整数的最小距离，则条件进一步改写为：对一切的 $\{x, y\} \subset S$，均有 $d\left(\dfrac{x}{y}\right) > t.$

下面构造递增数列 $\{s_n\}$.

令 $\{s_n\}$ 满足递推关系

$$s_{n+1} = \frac{(s_1 s_2 \cdots s_n)^2 + 1}{2},$$

将首项 s_1 取为奇数，则满足

$$s_1 > \max\left\{5, \frac{1}{1-2t}\right\}.$$

由归纳法可证明：$\{s_n\}$ 为递增数列，且各项均为不小于 5 的正奇数.

对一切正整数 $i < j$，均有

$$s_j = \frac{(s_1 s_2 \cdots s_{j-1})^2 + 1}{2} > \frac{s_i^2}{2} > 2s_i$$

$$\Rightarrow 0 < \frac{s_i}{s_j} < \frac{1}{2} \Rightarrow d\left(\frac{s_i}{s_j}\right) > \frac{1}{2} > t.$$

而 $\dfrac{s_j}{s_i} = \dfrac{(s_1 s_2 \cdots s_{j-1})^2}{2s_i} + \dfrac{1}{2s_i}$，其中前一项为半整数，后一项小于 $\dfrac{1}{2}$，故

$$d\left(\frac{s_j}{s_i}\right) = \frac{1}{2} - \frac{1}{2s_i} \geqslant \frac{1}{2} - \frac{1}{2s_1} > t,$$

其中，最后一个不等号用到 $s_1 > \dfrac{1}{1 - 2t}$.

综上，无穷集合 $S = \{s_n \mid n \in \mathbf{Z}_+\}$ 满足题意.

2019 年欧洲女子数学奥林匹克

❶ 求满足下面条件的所有三元有序实数组 (a,b,c)：
$$a^2b+c=b^2c+a=c^2a+b,$$
$$ab+bc+ca=1.$$

解 （1）若 a,b,c 中有一个为 0，不妨设 $a=0$，则
$$bc=1,c=b^2c=b \Rightarrow b=c=\pm 1.$$
类似地
$$b=0,a=c=\pm 1,$$
$$c=0,a=b=\pm 1.$$

经检验，以上均满足条件．

（2）若 a,b,c 均不为零，由
$$b^2c-c=a^2b-a=a(ab-1)$$
$$=a(-bc-ca)=-abc-ca^2$$
$$\Rightarrow ab+a^2+b^2=1.$$

类似地
$$bc+b^2+c^2=1,$$
$$ca+c^2+a^2=1.$$

上述三式相加得
$$ab+bc+ca+2(a^2+b^2+c^2)=3.$$

由 $ab+bc+ca=1$，知 $a^2+b^2+c^2=1$．

又
$$(a-b)^2+(b-c)^2+(c-a)^2$$
$$=2(a^2+b^2+c^2-ab-bc-ca)=0,$$

则 $a=b=c=\pm\dfrac{\sqrt{3}}{3}$．

综合（1）（2）得 (a,b,c) 为
$$(0,1,1),(0,-1,-1),(1,1,0),$$
$$(-1,-1,0),(1,0,1),(-1,0,-1),$$
$$\left(\frac{\sqrt{3}}{3},\frac{\sqrt{3}}{3},\frac{\sqrt{3}}{3}\right),\left(-\frac{\sqrt{3}}{3},-\frac{\sqrt{3}}{3},-\frac{\sqrt{3}}{3}\right).$$

❷ 设 n 为正整数,在 $2n \times 2n$ 的方格表上放置若干块多米诺骨牌,使得该方格表的每一个格都与一个被多米诺骨牌覆盖的格相邻. 对每个正整数 n,求可以按上述要求放置的多米诺骨牌的最大数目.

说明:一块多米诺骨牌的大小为 1×2 或 2×1,每块多米诺骨牌只能恰放置在方格表的两个格上,且不同多米诺骨牌的位置不能重叠. 若两个不同的格有一条公共边,则称它们是"相邻的".

解 记 M 为可以按题设要求放置的多米诺骨牌的最大数目.

下面分两步证明 $M = \dfrac{n(n+1)}{2}$.

(1) 用数学归纳法证明:对任意的 $n \in \mathbf{Z}_+$,可以在方格表上放置 $\dfrac{n(n+1)}{2}$ 块满足要求的多米诺骨牌.

(i) $n = 1, 2$ 时,如图 1、图 2 所示.

(ii) 假设 $n = k$ 时结论成立,考虑 $n = k + 2$ 的情况.

按 k 的奇偶性如图 3(k 为奇数)、图 4(k 为偶数)所示方式归纳构造.

图 1

图 2

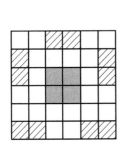

图 3   图 4

其中,中间灰色区域按 $n = k$ 的方式放置(归纳假设),最外层还需多放置 $2k + 3$ 块多米诺骨牌.

故多米诺骨牌的总数为

$$\frac{k(k+1)}{2} + 2k + 3 = \frac{(k+2)(k+3)}{2}.$$

从而,对 $n = k + 2$,结论也成立.

综合 (i)(ii),得对任意的 $n \in \mathbf{Z}_+$,可以在方格表上放置 $\dfrac{n(n+1)}{2}$ 块满足要求的多米诺骨牌.

(2) 证明:$M \leqslant \dfrac{n(n+1)}{2}$.

先将 $2n \times 2n$ 的方格表扩展到 $(2n+2) \times (2n+2)$ 的方格表(也就是在四周增加了 $8n+4$ 个格). 我们称一个格被多米诺骨牌占用,当且仅当它被多米诺骨牌覆盖或与被覆盖的格相邻.

易知,每一块多米诺骨牌在拓展的方格表上共占用了 8 个格.

下面讨论最外层 $8n+4$ 个格的占用情况. 用"$+$"表示在骨牌周围(被占用),用"$\times$"表示周围没有骨牌(未被占用),用"$-$"表示不可能在此处放置骨牌.

根据骨牌放置的情况,有如图 5~ 图 9 五种情况.

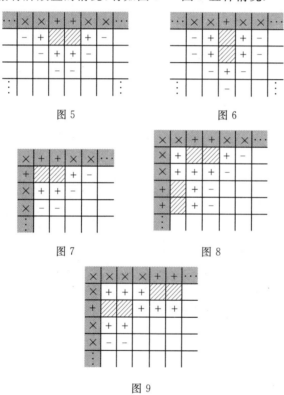

图 5   图 6

图 7   图 8

图 9

在这五种情况中,周围的 $8n+4$ 个格的占用情况,即被占用与未被占用数量的比值分别为:$\dfrac{1}{1}$,$\dfrac{1}{2}$,$\dfrac{1}{1}$,$\dfrac{2}{3}$,$\dfrac{3}{7}$.

由此,知周围的 $8n+4$ 个格至多有一半被占用,即不超过 $4n+2$ 个.

故 $M \leqslant \left[\dfrac{4n^2+4n+2}{8}\right] = \left[\dfrac{n(n+1)}{2} + \dfrac{1}{4}\right] = \dfrac{n(n+1)}{2}$,其中,$[x]$ 表示不超过实数 x 的最大整数.

综合(1)(2),得可以按题设要求放置的多米诺骨牌的最大数目为 $\dfrac{n(n+1)}{2}$.

❸ 在 $\triangle ABC$ 中, $\angle CAB > \angle ABC$, I 为内心, D 为边 BC 上一点,满足 $\angle CAD = \angle ABC$.圆 Γ 与边 AC 切于点 A,并经过内心 I.圆 Γ 与 $\triangle ABC$ 的外接圆的第二个交点为 X. 证明: $\angle DAB$ 的平分线与 $\angle CXB$ 的平分线的交点在直线 BC 上.

证明 设 $\angle BAD$, $\angle BXC$ 的平分线分别与 BC 交于点 S, T. 下面证明: A, I, S, B; A, I, T, B 分别四点共圆,点 S 与 T 重合.

(1) 如图 10 所示,设 M 为 $\triangle ABC$ 外接圆上 $\overset{\frown}{AB}$(不含点 C)的中点.

由 $MA = MB = MI$,知 M 为 $\triangle AIB$ 的外接圆圆心.

设圆 M 与线段 BC 交于点 S'. 记 $\triangle ABC$ 的三个内角大小分别为 α, β, γ,则

$$\angle BAD = \angle BAC - \angle DAC = \alpha - \beta.$$

又 $\angle MBC = \angle MBA + \angle ABC = \dfrac{\gamma}{2} + \beta$,故

$$\angle BMS' = 180° - 2\angle MBC$$
$$= 180° - \gamma - 2\beta = \alpha - \beta$$
$$\Rightarrow \angle BAS' = \frac{1}{2}\angle BMS' = \frac{1}{2}\angle BAD$$
$$\Rightarrow 点 S 与 S' 重合$$
$$\Rightarrow A, I, S, B 四点共圆.$$

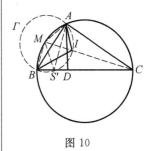

图 10

(2) 如图 11 所示,设 N 为 $\triangle ABC$ 外接圆上 $\overset{\frown}{BC}$(不含点 A)的中点.

由 $\angle CAB > \angle ABC$,知点 X 在 $\overset{\frown}{AB}$(不含点 C)上.

易知, A, I, N; X, T, N 分别三点共线.

由 $\angle NBT = \dfrac{\alpha}{2} = \angle BXN$,知

$$\triangle NBT \backsim \triangle NXB$$
$$\Rightarrow NT \cdot NX = NB^2 = NI^2$$
$$\Rightarrow \triangle NTI \backsim \triangle NIX.$$

由 AC 为圆 Γ 的切线,知

$$\angle NBC = \angle NAC = \angle IXA$$
$$\Rightarrow \angle TIN = \angle IXN = \angle NXA - \angle IXA$$
$$= \angle NBA - \angle NBC = \angle TBA$$
$$\Rightarrow A, I, T, B 四点共圆.$$

由(1)(2),知 A, I, S, B; A, I, T, B 分别四点共圆,点 S 与 T 重合,即 $\angle DAB$ 的平分线与 $\angle CXB$ 的平分线的交点在直线 BC 上.

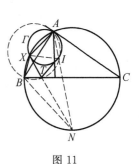

图 11

❹ 设 I 为 $\triangle ABC$ 的内心,过点 B 且和 AI 切于点 I 的圆与边 AB 的第二个交点为 P,过点 C 且和 AI 切于点 I 的圆与边 AC 的第二个交点为 Q. 证明:直线 PQ 与 $\triangle ABC$ 的内切圆相切.

证明　如图 12,设 QX,PY 为 $\triangle ABC$ 内切圆异于 AC,AB 的切线,点 X,Y 为切点,且不在边 AC,AB 上.

记 $\angle BAC=\alpha$,$\angle CBA=\beta$,$\angle ACB=\gamma$.

由 AI 为 $\triangle CQI$ 外接圆的切线,知

$$\angle QIA=\angle QCI=\frac{\gamma}{2}$$

$$\Rightarrow \angle IQC=\angle IAQ+\angle QIA=\frac{\alpha}{2}+\frac{\gamma}{2}.$$

又 $\angle IQC=\angle XQI$,则

$$\angle AQX=180°-\angle XQC=180°-\alpha-\gamma=\beta.$$

类似地,$\angle APY=\gamma$.

故 Q,P,X,Y 四点共线.

因此,点 X 与 Y 重合,即 PQ 与 $\triangle ABC$ 的内切圆切于点 X.

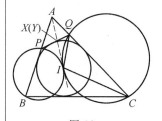

图 12

❺ 设 $n\in \mathbf{Z}_+$,$n\geqslant 2$,$a_1,a_2,\cdots,a_n$ 为正整数. 证明:存在正整数 $b_1,b_2,\cdots,b_n$ 满足以下三个条件:

(1) 对所有的 $i=1,2,\cdots,n$,均有 $a_i\leqslant b_i$.

(2) $b_1,b_2,\cdots,b_n$ 模 n 的余数两两不同.

(3) 记 $[x]$ 表示不超过实数 x 的最大整数,$b_1+b_2+\cdots+b_n\leqslant n\left(\frac{n-1}{2}+\left[\frac{a_1+a_2+\cdots+a_n}{n}\right]\right).$

证明　按如下方式构造 $b_1,b_2,\cdots,b_n$:

$$b_1=a_1,$$
$$b_2=a_2,$$
$$\vdots$$
$$b_n=a_n.$$

取 b_i 为满足 $b_i\geqslant a_i$ 且 b_i 与 $b_1,b_2,\cdots,b_{i-1}$ 模 n 的余数不相同的最小的整数.

由于 i 个连续整数 $a_i,a_i+1,\cdots,a_i+i-1$ 中至多有 $i-1$ 个与 $b_1,b_2,\cdots,b_{i-1}$ 模 n 的余数相同,于是

$$b_i-a_i\leqslant i-1.$$

上述构造得到的 $b_1,b_2,\cdots,b_n$ 满足条件(1)(2).

下面验证其满足条件(3).

由 $b_1, b_2, \cdots, b_n$ 模 n 的余数两两不同知

$$\sum_{i=1}^{n} b_i \equiv \sum_{i=1}^{n} (i-1) = \frac{n(n-1)}{2} (\bmod n)$$

$$\Rightarrow \sum_{i=1}^{n} b_i - \frac{n(n-1)}{2} \equiv 0 (\bmod n)$$

$$\Rightarrow \frac{1}{n} \left(\sum_{i=1}^{n} b_i - \frac{n(n-1)}{2} \right) \in \mathbf{Z}_+.$$

又

$$\sum_{i=1}^{n} b_i - \sum_{i=1}^{n} a_i = \sum_{i=1}^{n} (b_i - a_i)$$

$$\leqslant \sum_{i=1}^{n} (i-1) = \frac{n(n-1)}{2},$$

则

$$\sum_{i=1}^{n} b_i - \frac{n(n-1)}{2} \leqslant \sum_{i=1}^{n} a_i$$

$$\Rightarrow \frac{1}{n} \left(\sum_{i=1}^{n} b_i - \frac{n(n-1)}{2} \right) \leqslant \frac{1}{n} \sum_{i=1}^{n} a_i.$$

由

$$\frac{1}{n} \left(\sum_{i=1}^{n} b_i - \frac{n(n-1)}{2} \right) \in \mathbf{Z}_+$$

$$\Rightarrow \frac{1}{n} \left(\sum_{i=1}^{n} b_i - \frac{n(n-1)}{2} \right) \leqslant \left[\frac{1}{n} \sum_{i=1}^{n} a_i \right]$$

$$\Rightarrow b_1 + b_2 + \cdots + b_n$$

$$\leqslant n \left(\frac{n-1}{2} + \left[\frac{a_1 + a_2 + \cdots + a_n}{n} \right] \right),$$

即条件(3)也满足.

❻ 在一个圆上,安娜画了 2 019 条弦,这些弦的端点两两相异.我们称一个点为"标记点"当且仅当它满足下述两个条件之一:

(1) 它为上述弦的 4 038 个端点之一.

(2) 它为至少两条弦的交点.

安娜对每一个标记点进行赋值.对于满足条件(1) 的 4 038 个点,安娜将其中的 2 019 个点赋值为 0,将另外的 2 019 个点赋值为 1;对满足条件(2)的点,安娜将其赋值为任意一个整数(不一定为正).在每条弦上,安娜考虑两个相邻标记点连成的线段(在包含 k 个标记点的弦上,有 $k-1$ 条这样的线段),她在每条线段上用黄色写下两端点的数字之和,用蓝色写下两端点的数字之差的绝对值.安娜发现,$N+1$ 个黄色数恰为 $0,1,\cdots,N$(各出现一次).证明:至少有一个蓝色数为 3 的倍数.

证明 先证明一个引理.

引理:若将标记点进行黑、白染色,记 E_{WB} 为端点一黑一白的线段的个数,$C_W(C_B)$ 为圆周上白色(黑色)点的个数,则

$$E_{WB} \equiv C_W \equiv C_B (\bmod 2).$$

引理的证明:由于圆周内的点总连出偶数条线段,于是,改变内部点的颜色不影响 E_{WB} 的奇偶性.

不妨设内部的标记点均染成黑色,则 $E_{WB} = C_W$.

又 $C_W + C_B = 4\,038$,故

$$E_{WB} \equiv C_W \equiv C_B (\bmod 2).$$

引理得证.

假设蓝色数均不为 3 的倍数,即每条线段的两端点所标数字模 3 的余数均不相同.

将所有的标记点根据模 3 的余数分成三类,记 E_{01} 为两个端点所标数字模 3 的余数分别为 0,1 的线段数,C_0 为圆周上模 3 的余数为 0 的标记点个数,类似定义 E_{02}, E_{12}, C_1, C_2.

由条件,知 $C_0 = C_1 = 2\,019, C_2 = 0$.

将模 3 余数为 1,2 的端点染成黑色,模 3 余数为 0 的端点染成白色.

由引理得 $E_{01} + E_{02} \equiv C_0 (\bmod 2)$.

类似地

$$E_{01} + E_{12} \equiv C_1 (\bmod 2),$$
$$E_{12} + E_{02} \equiv C_2 (\bmod 2).$$

于是,要么 E_{02}, E_{12} 为偶数,E_{01} 为奇数;要么 E_{02}, E_{12} 为奇数,E_{01} 为偶数.

由定义,知在 $N+1$ 个黄色数中,模 3 余数为 0,1,2 的黄色数个数分别为 E_{12}, E_{01}, E_{02}.

又因为 $N+1$ 个黄色数恰为 $0, 1, \cdots, N$(各出现一次),所以,若 $N \equiv 0 (\bmod 3)$,则 $E_{01} = E_{02}$;若 $N \equiv 1, 2 (\bmod 3)$,则 $E_{01} = E_{12}$.

但 E_{01} 与 $E_{02}(E_{12})$ 的奇偶性不同,矛盾.

因此,假设错误,即至少有一个蓝色数为 3 的倍数.

2020 年欧洲女子数学奥林匹克

1 已知正整数 $a_0, a_1, \cdots, a_{3\,030}$ 满足

$$2a_{n+2} = a_{n+1} + 4a_n \ (n = 0, 1, \cdots, 3\,028).$$

证明：在 $a_0, a_1, \cdots, a_{3\,030}$ 中，至少有一个数能被 $2^{2\,020}$ 整除.

证明　下面先证明一个引理.

引理：若 a, b, c, d 为正数且满足

$$2c = b + 4a, \ 2d = c + 4b,$$

则 b 为 4 的倍数.

引理的证明：由 $2d = c + 4b$，知 c 为偶数.

又 $2c = b + 4a$，从而，b 能被 4 整除.

引理得证.

下面证明一个更一般的命题.

命题：对给定的正整数 $a_0, a_1, \cdots, a_{3k}$，满足 $2a_{n+2} = a_{n+1} + 4a_n \ (n = 0, 1, \cdots, 3k-2)$，则在 $a_0, a_1, \cdots, a_{3k}$ 中，至少有一个数能被 2^{2k} 整除.

命题的证明：$k = 1$ 的情况可由引理得证.

假设对某些 $k \geqslant 1$，可断言对于任意满足类似的定义关系的由 $3k+1$ 个正整数组成的数列是正确的.

接下来，考虑由 $3(k+1) + 1 = 3k + 4$ 个正整数 $a_0, a_1, \cdots, a_{3k+3}$ 组成的数列，满足

$$2a_{n+2} = a_{n+1} + 4a_n \ (n = 0, 1, \cdots, 3k+1).$$

由 $a_1, a_2, \cdots, a_{3k+2}$ 均为偶数，可令

$$a_i = 2b_i \ (i = 1, 2, \cdots, 3k+2),$$

则 $2a_2 = a_1 + 4a_0$ 变为 $2b_2 = b_1 + 2a_0$.

注意到

$$2b_{n+2} = b_{n+1} + 4b_n \ (n = 1, 2, \cdots, 3k).$$

于是，正数 $b_1, b_2, \cdots, b_{3k+1}$ 均为偶数.

从而，记 $b_i = 2c_i$.

对某些 $c_i \ (i = 1, 2, \cdots, 3k+1)$，有 $2b_2 = b_1 + 2a_0$ 变为 $2c_2 = $

$c_1 + a_0.$

又　　$2c_{n+2} = c_{n+1} + 4c_n (n = 1, 2, \cdots, 3k-1),$

于是，正整数数列 $c_1, c_2, \cdots, c_{3k+1}$ 是满足该定义关系的正数列.

由归纳假设，知 2^{2k} 整除 $c_1, c_2, \cdots, c_{3k+1}$ 中至少一个数，结合 $a_i = 4c_i (i = 1, 2, \cdots, 3k+1)$，可知 $4 \cdot 2^{2k} = 2^{2(k+1)}$ 整除 $a_1, a_2, \cdots,$ a_{3k+1} 中至少一个数，这便完成了归纳，也就完成了证明.

取 $k = 1\,010$，即为本题所证内容.

---

❷　找到所有由非负实数组成的序列 $(x_1, x_2, \cdots, x_{2\,020})$，且满足以下三个条件：

(i) $x_1 \leqslant x_2 \leqslant \cdots \leqslant x_{2\,020}$.

(ii) $x_{2\,020} \leqslant x_1 + 1$.

(iii) 存在一个 $(x_1, x_1, \cdots, x_{2\,020})$ 的置换 $(y_1, y_2, \cdots, y_{2\,020})$，满足

$$\sum_{i=1}^{2\,020} ((x_i + 1)(y_i + 1))^2 = 8 \sum_{i=1}^{2\,020} x_i^3.$$

说明：一个序列的置换是指一个相同长度的数组有着相同的元素，但这些元素可以以任意顺序排列. 例如，$(2,1,2)$ 是 $(1,2,2)$ 的一个置换，它们都是 $(2,2,1)$ 的置换. 特别地，任何序列都是其自身的置换.

解　有两组解：$(\underbrace{0,0,\cdots,0}_{1\,010个}, \underbrace{1,1,\cdots,1}_{1\,010个})$ 和 $(\underbrace{1,1,\cdots,1}_{1\,010个},$ $\underbrace{2,2,\cdots,2}_{1\,010个}).$

先证明不等式

$$((x+1)(y+1))^2 \geqslant 4(x^3 + y^3), \qquad \text{①}$$

对于所有满足 $|x-y| \leqslant 1$ 的实数 $x, y \geqslant 0$，等号成立当且仅当 $\{x, y\} = \{0, 1\}$ 或 $\{x, y\} = \{1, 2\}$.

事实上

$$\begin{aligned}
&4(x^3 + y^3) \\
&= 4(x+y)(x^2 - xy + y^2) \\
&\leqslant ((x+y) + (x^2 - xy + y^2))^2 \\
&= (xy + x + y + (x-y)^2)^2 \\
&\leqslant (xy + x + y + 1)^2 \\
&= ((x+1)(y+1))^2,
\end{aligned}$$

其中，等号成立当且仅当第一个不等式满足 $x + y = x^2 - xy + y^2$，第二个不等式满足 $|x - y| = 1$.

联立以上两个等式得

$$x + y = (x - y)^2 + xy = 1 + xy$$

$$\Rightarrow (x - 1)(y - 1) = 0$$

$$\Rightarrow \{x, y\} = \{0, 1\} \text{ 或 } \{x, y\} = \{1, 2\}.$$

令 $(x_1, x_2, \cdots, x_{2020})$ 为任意一个满足条件(i)(ii)的数列,并令 $(y_1, y_2, \cdots, y_{2020})$ 是 $(x_1, x_2, \cdots, x_{2020})$ 的任意一个置换.

由
$$0 \leqslant \min\{x_i, y_i\}$$
$$\leqslant \max\{x_i, y_i\}$$
$$\leqslant \min\{x_i, y_i\} + 1,$$

可以对数对 (x_i, y_i) 应用不等式①,并对所有 $1 \leqslant i \leqslant 2020$ 求和,得到

$$\sum_{i=1}^{2020} ((x_i + 1)(y_i + 1))^2$$
$$\geqslant 4 \sum_{i=1}^{2020} (x_i^3 + y_i^3)$$
$$= 8 \sum_{i=1}^{2020} x_i^3$$

于是,为了满足条件(iii),每个不等式均须取等.

从而,对 $1 \leqslant i \leqslant 2020$,均有

$$\{x_i, y_i\} = \{0, 1\} \text{ 或 } \{x_i, y_i\} = \{1, 2\}.$$

由条件(ii),得要么对于所有的 i,均有 $\{x_i, y_i\} = \{0, 1\}$;要么对于所有的 i,均有 $\{x_i, y_i\} = \{1, 2\}$.

若对于每个 $1 \leqslant i \leqslant 2020$,均有

$$\{x_i, y_i\} = \{0, 1\},$$

则表明,序列

$$(x_1, x_2, \cdots, x_{3030}) \text{ 和 } (y_1, y_2, \cdots, y_{3030})$$

一共有 2020 个 0 和 2020 个 1.

又 $(y_1, y_2, \cdots, y_{3030})$ 是 $(x_1, x_2, \cdots, x_{3030})$ 的一个置换,则

$$(x_1, x_2, \cdots, x_{3030}) = (0, 0, \cdots, 0, 1, 1, \cdots, 1)$$

有 1010 个 0 和 1010 个 1.

反之,注意该序列满足条件(i)(ii)和(iii)(对(iii),取 $(y_1, y_2, \cdots, y_{2020}) = (x_{2020}, x_{2019}, \cdots, x_1)$),显然该序列满足题意.

类似可得 $\{x_i, y_i\} = \{1, 2\}$ 的情况.

❸ 对于凸六边形 $ABCDEF$,记 $\angle A = \angle FAB$,六边形的其他内角可类似定义,且

$$\angle A = \angle C = \angle E, \quad \angle B = \angle D = \angle F,$$

$\angle A, \angle C, \angle E$ 的平分线共点.证明:$\angle B, \angle D, \angle F$ 的平分线共点.

证明　定义 $\angle A$ 的平分线为 a，类似可定义其他角平分线. 由此，已知 a,c,e 有公共点 M，需要证明 b,d,f 三线共点.

由凸六边形的内角和为 $720°$，以及角的条件得到

$$\angle B + \angle C = 720° \times \frac{1}{3} = 240°,$$

于是，b 和 c 之间所成角为 $60°$.

对其他相邻角的两条角平分线，同样的结论也可用相似的方法证明.

考虑 a,c,e 上的点 O_a,O_c,O_e，它们到点 M 有相同的距离 d'，其中，

$$d' \geqslant \max\{MA, MC, ME\},$$

并且满足射线 AO_a, CO_c, EO_e 指向六边形外.

据图形结构 O_a 与 O_c 关于 e 对称知

$$O_a O_c \perp b.$$

类似地，$O_c O_e \perp d, O_e O_a \perp f$.

于是，只需证明点 B,D,F 向 $\triangle O_a O_c O_e$ 的边上所作的垂线共线，即等价于证明

$$O_a B^2 - O_c B^2 + O_c D^2 - O_e D^2 + O_e F^2 - O_a F^2 = 0. \qquad ①$$

为了证明式 ①，考虑一个圆 Γ_a，其以 O_a 为圆心，与 AB, AF 相切.

类似地，定义圆 Γ_c, Γ_e.

将 $O_a B^2$ 改写为 $r_a^2 + B_a B^2$，其中，r_a 为圆 Γ_a 的半径，B_a 为圆 Γ_a 与 AB 的切点. 对其他的切点使用类似的记号.

于是，式 ① 转化为

$$B_a B^2 - B_c B^2 + D_c D^2 + D_e D^2 + F_e F^2 - F_a F^2 = 0. \qquad ②$$

又

$$\begin{aligned}
\angle O_c O_a B_a &= \angle M O_a B_a + \angle O_c O_a M \\
&= (90° - \varphi) + 30° \\
&= 120° - \varphi,
\end{aligned}$$

其中 $\varphi = \frac{1}{2} \angle A$（注意到 $\varphi \geqslant 30°$，这是因为六边形 $ABCDEF$ 是凸的）.

通过类似的证明，有

$$\begin{aligned}
\angle O_a O_c B_e &= \angle O_a O_c D_c = \angle O_c O_e D_e = \angle O_a O_e F_e \\
&= \angle O_e O_a F_a = 120° - \varphi.
\end{aligned}$$

射线 $O_a B_a$ 与 $O_c B_c$（关于 e 对称）交于直线 e 上的点 U_e，构成一个等腰 $\triangle O_a U_e O_c$.

类似地，定义 $\triangle O_c U_a O_e, \triangle O_e U_c O_a$.

由底边相等、对应角相等，知这些三角形是全等的，则

$$O_a U_c = U_c O_e = O_e U_a$$

$$=U_aO_c=O_cU_e=U_eO_a.$$

由 $$B_aU_e=O_aU_e-r_a$$
$$=O_aU_c-r_a=F_aU_c \triangleq x,$$

类似得 $D_cU_a=B_cU_e \triangleq y,F_eU_c=D_eU_a \triangleq z$.

由于四边形 $BB_aU_eB_c$ 有两个相对的直角,于是
$$B_aB^2-B_cB^2=B_eU_e^2-B_aU_a^2=y^2-x^2.$$

类似地
$$D_cD^2-D_eD^2=D_eU_a^2-D_cU_a^2=z^2-y^2,$$
$$F_eF^2-F_aF^2=F_aU_c^2-F_eU_c^2=x^2-z^2.$$

将以上三式代入式 ②,从而,命题得证.

❹ 我们称一个由整数 $1,2,\cdots,m$ 组成的排列为"新鲜的",当且仅当不存在正整数 $k<m$,满足在该排列中前 k 个数字是 $1,2,\cdots,k$ 以某一顺序的排列.令 f_m 为 $1,2,\cdots,m$ 的新鲜的排列数.证明:$f_n \geqslant nf_{n-1}(n \geqslant 3)$.(例如,若 $m=4$,则排列 $(3,1,4,2)$ 是新鲜的,而排列 $(2,3,1,4)$ 不是.)

证明 令 $\sigma=(\sigma_1,\sigma_2,\cdots,\sigma_{n-1})$ 是一个由整数 $1,2,\cdots,n-1$ 构成的新鲜排列.

先证明,对于任意的 $1 \leqslant i \leqslant n-1$,排列
$$\sigma^{(i)}=(\sigma_1,\cdots,\sigma_{i-1},n,\sigma_i,\cdots,\sigma_{n-1})$$
是由整数 $1,2,\cdots,n$ 构成的新鲜排列.

事实上,令 $1 \leqslant k \leqslant n-1$.

若 $k \geqslant i$,则 $n \in \{\sigma_1^{(i)},\sigma_2^{(i)},\cdots,\sigma_k^{(i)}\}$,但 $n \notin \{1,2,\cdots,k\}$.

若 $k<i$,则 $k<n-1$,及
$$\{\sigma_1^{(i)},\sigma_2^{(i)},\cdots,\sigma_k^{(i)}\}=\{\sigma_1,\sigma_2,\cdots,\sigma_k\} \neq \{1,2,\cdots,k\},$$
这是因为 σ 是新鲜的.

另外,易知若对所有的由 $1,2,\cdots,n-1$ 组成的新鲜的排列运用如上构造,则得到 $(n-1)f_{n-1}$ 个不同的由 $1,2,\cdots,n$ 组成的新鲜的排列.

注意到,一个由 $1,2,\cdots,n-1$ 组成的新鲜的排列不可能以 $n-1$ 结尾.

于是,之前构造的由 $1,2,\cdots,n$ 组成的新鲜的排列也不会以 $n-1$ 结尾.

从而,将通过找到 f_{n-1} 个以 $n-1$ 结尾的由 $1,2,\cdots,n$ 组成的新鲜的排列来完成证明.为了做到这点,令 $\sigma=(\sigma_1,\sigma_2,\cdots,\sigma_{n-1})$ 为一个由整数 $1,2,\cdots,n-1$ 构成的新鲜排列,且令 j 满足 $\sigma_j=n-1$.定义
$$\sigma'=(\sigma_1,\cdots,\sigma_{j-1},n,\sigma_{j+1},\cdots,\sigma_{n-1},n-1),$$

则 σ' 显然是一个由 $1,2,\cdots,n$ 组成的以 $n-1$ 结尾的排列.

下面证明 σ' 是新鲜的.

令 $1 \leqslant k \leqslant n-1$.

若 $k \geqslant j$,则 $n \in \{\sigma'_1,\sigma'_2,\cdots,\sigma'_k\}$,但 $n \notin \{1,2,\cdots,k\}$.

若 $k < j$,则 $k < n-1$,由于 σ 是新鲜的,有

$$\{\sigma'_1,\sigma'_2,\cdots,\sigma'_k\} = \{\sigma_1,\sigma_2,\cdots,\sigma_k\}$$
$$\neq \{1,2,\cdots,k\}.$$

于是,已构造了 f_{n-1} 个和上面不同的由 $1,2,\cdots,n$ 组成的新鲜的排列(它们又是全部不同的),故 $1,2,\cdots,n$ 中新鲜的排列数 f_n 一定至少有

$$(n-1)f_{n-1} + f_{n-1} = nf_{n-1},$$

此即要证的.

【注】一个类似的对每个 $1,2,\cdots,n-1$ 构成的新鲜的排列 σ,构造 n 个 $1,2,\cdots,n$ 的新鲜的排列的方法如下:先将 σ 中所有的项加 1,然后再把 1 加在任意处;除了 1 加在开头的那个,所有的这些排列都是新鲜的,而这个排列可以通过交换 1 和 2 使其变为新鲜的.同样地,易检验得到的 nf_{n-1} 个排列是新鲜的且不同的,尽管一些额外的注意需要被用在对原排列中的每一项加 1 这一事实进行说明上.

❺ 考虑 $\triangle ABC$,满足 $\angle BCA > 90°$.记 $\triangle ABC$ 外接圆 Γ 的半径为 r.在线段 AB 上存在点 P,满足 $PB = PC$,$PA = r$.若 PB 的垂直平分线与圆 Γ 交于点 D,E,证明:P 为 $\triangle CDE$ 的内心.

证明 显然,$\angle ECD$ 的平分线与 $\triangle CDE$ 的外接圆 Γ 交于 $\overset{\frown}{DBE}$ 的中点 M.

注意到,$\triangle CDE$ 的内心即为角平分线上的线段 CM 与以 M 为圆心、经过点 D 和 E 的圆的交点.

下面证明 P 具有这些性质.

如图 1 所示.

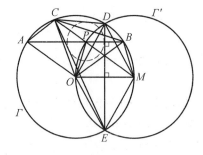

图 1

由条件知

$$AP = OA = OB = OC = OD = OM = r.$$

又直线 OM,AP 均垂直于 ED,于是

$$AP \parallel OM.$$

在四边形 $AOMP$ 中

$$AP = OA = OM = r, AP \parallel OM,$$

则四边形 $AOMP$ 为菱形,其第四条边

$$PM = r.$$

在凸四边形 $OMBP$ 内,$OM \parallel PB$,则四边形 $OMBP$ 为等腰梯形,其底 MO,PB 的垂直平分线重合.

由对称性可知

$$MD = OD = r, ME = OE = r$$

且

$$\triangle OEM \cong \triangle ODM.$$

又 $MP = MD = ME = r$,从而,点 P 在以 M 为圆心、经过点 D 和 E 的圆上,记此圆为圆 Γ',则圆 Γ' 与圆 Γ 关于 DE 对称.

由 $PB = PC,OB = OC$,知点 B 与 C 关于 OP 对称.

考虑菱形 $AOMP$,知点 A,M 关于 OP 对称.

结合关于 OP 对称共线的点 B,P,A(P 在 B,A 之间),得到 C,P,M 三点共线(P 在 C,M 中间).

因此,点 P 在线段 CM 上.

❻　令整数 $m > 1$. 数列 $a_1,a_2,\cdots$ 定义如下:

$$a_1 = a_2 = 1, a_3 = 4,$$

$$a_n = m(a_{n-1} + a_{n-2}) - a_{n-3} (n \geq 4).$$

确定所有的整数 m,满足该数列的每一项为平方数.

解　$m = 2, 10$.

考虑整数 $m > 1$,使得按题目中表述定义的数列仅含有完全平方数.

先证明 $m - 1$ 为 3 的幂.

假设 $m - 1$ 为偶数,则 $a_4 = 5m - 1$ 应当能被 4 整除,故 $m \equiv 1 (\bmod 4)$.

但 $a_5 = 5m^2 + 3m - 1 \equiv 3 (\bmod 4)$ 不可能为完全平方数,矛盾.

于是,$m - 1$ 为奇数.

假设奇素数 $p \neq 3$ 整除 $m - 1$.

注意到,$a_n - a_{n-1} \equiv a_{n-2} - a_{n-3} (\bmod p)$,故在模 p 的意义下该数列的形式为 $1,1,4,4,7,7,10,10,\cdots$.

事实上,归纳可以证明:

$$a_{2k} \equiv a_{2k-1} \equiv 3k - 2 (\bmod p)(k \geq 1).$$

由 $\gcd(p,3)=1$，得数列 $a_n(\bmod\ p)$ 含有模 p 的所有余数，与平方数只有 $\dfrac{p+1}{2}$ 个模 p 的余数矛盾.

这表明，$m-1$ 为 3 的幂.

令 h,k 为整数，并满足
$$m=3^k+1, a_4=h^2,$$
则 $5\cdot 3^k=(h-2)(h+2)$.

又 $\gcd(h-2,h+2)=1$，故
$$\begin{cases} h-2=1,3^k,5 \\ h+2=5\cdot 3^k,5,3^k \end{cases}.$$

在第一种情况下得 $k=0$，在第二种情况得 $k=2$.

于是，$m=2$ 或 10.

下面反过来验证结论成立.

假设 $m=2$ 或 10，令 $t=1$ 或 3，使得
$$m=t^2+1.$$

整数列 $b_1,b_2,\cdots$ 定义如下：
$$b_1=1, b_2=1, b_3=2,$$
$$b_n=tb_{n-1}+b_{n-2}(n\geqslant 4).$$

显然，对 $n=1,2,3$，有 $a_n=b_n^2$.

注意到，若 $m=2$，则 $a_4=9$ 且 $b_4=3$.

若 $m=10$，则 $a_4=49$ 且 $b_4=7$.

以上两种情况，均有 $a_4=b_4^2$.

若 $n\geqslant 5$，则
$$\begin{aligned} &b_n^2+b_{n-3}^2 \\ =&(tb_{n-1}+b_{n-2})^2+(b_{n-1}-tb_{n-2})^2 \\ =&(t^2+1)(b_{n-1}^2+b_{n-2}^2) \\ =&m(b_{n-1}^2+b_{n-2}^2). \end{aligned}$$

因此，可归纳证明对所有的 $n\geqslant 1$，均有
$$a_n=b_n^2.$$

故命题得证.

2021 年欧洲女子数学奥林匹克

❶ 已知 2 021 是"幸运数". 对于任意的正整数 m, 若集合 $\{m, 2m+1, 3m\}$ 中任何一个数是幸运数,则集合中的其他元素也是幸运数. 问: $2\,021^{2\,021}$ 是不是幸运数?

解 $2\,021^{2\,021}$ 是幸运数.

考虑正整数数列:

$$m, 3m, 6m+1, 12m+3, 4m+1, 2m.$$

由题意,知 m 为幸运数当且仅当 $2m$ 为幸运数.

于是,对于任意的正整数 m, m 为幸运数当且仅当 $f(m) = \left[\dfrac{m}{2}\right]$ 为幸运数.

对 m 进行有限次 f 的操作后,即知 m 为幸运数当且仅当 1 为幸运数.

由题意,知 2 021 为幸运数,则 1 为幸运数. 从而, $2\,021^{2\,021}$ 也为幸运数.

❷ 求所有的函数 $f: \mathbf{Q} \to \mathbf{Q}$, 使得对于任意的有理数 x, y 均满足

$$f(xf(x) + y) = f(y) + x^2. \qquad ①$$

解 令 $xf(x) = A, x^2 = B$, 则式 ① 可写为

$$f(A + y) = f(y) + B.$$

若令 $y = -A + y$, 则

$$f(A - A + y) = f(-A + y) + B.$$

于是, $f(-A + y) = f(y) - B.$

由以上两式,对于任意的整数 n, 均有

$$f(nxf(x) + y) = f(y) + nx^2. \qquad ②$$

注意到, nx^2 可以遍历所有的有理数,则式 ② 右边可以遍历所有的有理数,进而,存在有理数 c, 使得 $f(c) = 0$.

在式 ① 中,令 $x = c$, 有 $c = 0$.

故 $f(x) = 0$ 当且仅当 $x = 0$.

对于任意的整数 n 及有理数 x,y,均有
$$f(n^2 xf(x) + y) = f(y) + n^2 x^2$$
$$= f(y) + (nx)^2 = f(nxf(nx) + y). \qquad ③$$

在式 ③ 中,令 $y = -nxf(nx)$,则
$$f(n^2 xf(x) - nxf(nx)) = 0$$
$$\Rightarrow n^2 xf(x) - nxf(nx) = 0.$$

这表明,当 $n \in \mathbf{Z}, x \neq 0, x \in \mathbf{Q}$ 时
$$nf(x) = f(nx). \qquad ④$$

事实上,当 $x = 0$ 时,式 ④ 也成立.

于是,对于任意的有理数 $x = \dfrac{p}{q}$,均有
$$f(x) = f\left(\frac{p}{q}\right) = f\left(p \cdot \frac{1}{q}\right) = pf\left(\frac{1}{q}\right)$$
$$p \cdot \frac{f\left(q \cdot \frac{1}{q}\right)}{q} = \frac{p}{q}f(1) = xf(1)$$

故存在 $k \in \mathbf{Q}$,对于任意的 $x \in \mathbf{Q}$,均有
$$f(x) = kx.$$

代入并检验知 $k = \pm 1$.

因此,$f(x) = x$ 和 $f(x) = -x$ 为原函数方程的所有解.

---

❸ 对于钝角 $\triangle ABC$,$\angle A$ 为钝角,E,F 分别为 $\angle A$ 的外角平分线与顶点 B,C 关于 $\triangle ABC$ 的垂线的交点,M,N 分别为线段 EC,BF 上的点,满足 $\angle EMA = \angle BCA$,$\angle ANF = \angle ABC$. 证明:E,N,M,F 四点共圆.

证明 先证明一个引理.

引理:在锐角 $\triangle ABC$ 中,$AB = BC$. P 为线段 AC 上的任意一点,T 为直线 BC 与过点 P 关于 AB 的垂线的交点,AT 与 $\triangle ABC$ 外接圆的第二个交点为 K,则
$$\angle AKP = \angle ABP.$$

引理的证明:如图 1 所示,设 $\triangle ABP$ 的垂心为 H,则
$$\angle BHP = 180° - \angle BAC = 180° - \angle BCP$$
$$\Rightarrow B, H, P, C \text{ 四点共圆}$$
$$\Rightarrow TK \cdot TA = TC \cdot TB = TP \cdot TH$$
$$\Rightarrow A, H, P, K \text{ 四点共圆}$$
$$\Rightarrow \angle AKP = 180° - \angle AHP = \angle ABP.$$

引理得证.

如图 2 所示,设 H 为直线 BE 与 CF 的交点,$\triangle HEF$ 的外接圆与线段 CE,BF 分别交于点 M', N'.

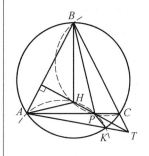

图 1

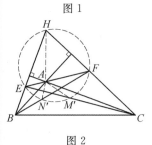

图 2

需要证明点 M 与 M',点 N 与 N' 分别重合.

由 A 为 $\triangle HBC$ 的垂心,知
$$\angle BHA = \angle BCA,\ \angle CHA = \angle CBA,$$
$$\angle HBA = \angle HCA.$$

则
$$\angle HEF = \angle HBA + \angle EAB$$
$$= \angle HCA + \angle FAC = \angle HFE$$
$$\Rightarrow HE = HF.$$

由引理得
$$\angle AM'E = \angle AHE = \angle ACB,$$
$$\angle AN'F = \angle AHF = \angle ABC.$$

因此,点 M 与 M',点 N 与 N' 分别重合.

---

❹ 已知 $\triangle ABC$ 的内心为 I,D 为边 BC 上的任意一点. 过 D 作 BI,CI 的垂线,分别与 CI,BI 交于点 E,F. 证明:点 A 关于直线 EF 的对称点在直线 BC 上.

证明　仅考虑点 I 在 $\triangle EFD$ 内部的情况(在外部时可类似证明).

如图 3 所示,设直线 DF 与线段 AC 交于点 N.

由　　　　CI 为 $\angle ACB$ 的平分线
$$\Rightarrow 点 D 与 N 关于 CI 对称$$
$$\Rightarrow \angle INA = \angle IDB.$$

又　　　$\angle IFN = \angle BIC - 90°$
$$= 90° + \angle IAC - 90° = \angle IAC,$$

则
$$A,I,N,F 四点共圆$$
$$\Rightarrow \angle AFI = \angle ANI = \angle IDB.$$

类似地,$\angle AEI = \angle IDC$.

故 $\angle AEI + \angle AFI = \angle IDC + \angle IDB = 180°$.

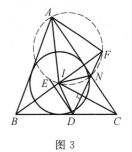

图 3

如图 4 所示,设 T 为 $\triangle AEC$ 外接圆与 $\triangle AFB$ 外接圆的第二个交点.

于是,点 T 在直线 BC 上.

又由 BI,CI 分别为 $\angle ABC$,$\angle ACB$ 的平分线,故
$$AF = FT,\ AE = ET.$$

从而,T 为点 A 关于直线 EF 的对称点.

因此,结论得证.

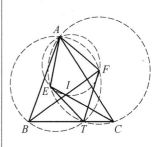

图 4

❺ 给定一个包含原点 O 的平面. P 是此平面上的 2 021 个点的点集,并满足:

(1) 没有三点共线.

(2) 没有两点同时在一条过 O 的直线上.

一个以点集 P 中的点围成的三角形称为"胖三角形",当且仅当点 O 在这个三角形的内部.求胖三角形个数的最大值.

解 记 F 为所有胖三角形的集合, S 为所有非胖三角形的集合.

对于任意的 $\triangle XYZ \in S$,称 X,Z 为好顶点当且仅当 OY 在 OX 与 OZ 的中间.

对于任意的点 $A \in P$,记 $S_A \subseteq S$ 为所有以 A 为好顶点的非胖三角形的集合.

显然, $2 \mid S \mid = \sum\limits_{A \in P} \mid S_A \mid$.

对于点 $A \in P$,记 $R_A \subset P$ 与 $L_A \subset P$ 为集合 $P \backslash \{A\}$ 的一个划分,分别为直线 OA 两侧的点的集合.

易知,对于任意的 $X,Y \in P \backslash \{A\}$ 为集合两个不同的顶点, $\triangle AXY \in S_A$ 当且仅当 X,Y 同时在集合 R_A 或 L_A 中.

于是, $\mid S_A \mid = C_{\mid R_A \mid}^2 + C_{\mid L_A \mid}^2$.

注意到

$$\frac{x(x-1)}{2} + \frac{y(y-1)}{2} - 2 \cdot \frac{\frac{x+y}{2}\left(\frac{x+y}{2}-1\right)}{2}$$

$$= \frac{(x-y)^2}{4} \geqslant 0,$$

则 $\mid S_A \mid$

$$\geqslant 2 \cdot \frac{\frac{\mid R_A \mid + \mid L_A \mid}{2}\left(\frac{\mid R_A \mid + \mid L_A \mid}{2} - 1\right)}{2}$$

$$= 1\,010 \times 1\,009.$$

故 $\mid F \mid = C_{2\,021}^3 - \mid S \mid = C_{2\,021}^3 - \frac{1}{2}\sum\limits_{A \in P} \mid S_A \mid$

$$\leqslant \frac{2\,021 \times 2\,020 \times 2\,019}{3 \times 2 \times 1} -$$

$$\frac{1}{2} \times 2\,021 \times 1\,010 \times 1\,009$$

$$= 2\,021 \times 505 \times 337,$$

当 P 是以 O 为中心的正 2 021 边形的 2 021 个顶点的集合时,上式中等号成立.

因此，所求值为 $2\ 021 \times 505 \times 337$.

---

❻ 是否存在正整数 a，使得方程

$$\left[\frac{m}{1}\right] + \left[\frac{m}{2}\right] + \cdots + \left[\frac{m}{m}\right] = n^2 + a$$

有超过 $1\ 000\ 000$ 组不同的正整数解 (m,n).

说明：$[x]$ 表示不超过实数 x 的最大整数.

解 记 $\left[\dfrac{m}{1}\right] + \left[\dfrac{m}{2}\right] + \cdots + \left[\dfrac{m}{m}\right] = L(m)$.

取定整数 $q > 10^7$.

令 $m = q^3$，有

$$L(q^3) = \sum_{k=1}^{q^3} \left[\frac{q^3}{k}\right]$$

$$\leqslant \sum_{k=1}^{q^3} \frac{q^3}{k} = q^3 \sum_{k=1}^{q^3} \frac{1}{k}$$

$$\leqslant q^3 q = q^4,$$

最后一个不等号是因为（记 $2^{l-1} \leqslant q^3 \leqslant 2^l - 1$，显然，$l < q$）

$$\sum_{k=1}^{q^3} \frac{1}{k} \leqslant \sum_{k=1}^{2^l - 1} \frac{1}{k} = \sum_{j=1}^{l} \sum_{k=2^{j-1}}^{2^j - 1} \frac{1}{k}$$

$$< \sum_{j=1}^{l} 1 = l < q.$$

记函数 $g: \mathbf{Z}_+ \to \mathbf{Z}_+$，则

$$g(m) = L(m) - [\sqrt{L(m)}]^2.$$

当 $m \leqslant q^3$ 时，有

$$g(m) \leqslant ([\sqrt{L(m)}] + 1)^2 - [\sqrt{L(m)}]^2$$

$$\leqslant 2\sqrt{L(m)} + 1 \leqslant 2q^2 + 1.$$

由于当 $a = g(m)$ 时，必存在一组解 $(m, \sqrt{L(m)})$，则 $a = k \leqslant 2q^2 + 1$，使得满足条件的不同的解数至少有 $\dfrac{q^3}{2q^2 + 1} > 10^6$ 个.

因此，存在满足题意的正整数 a.

2022 年欧洲女子数学奥林匹克

❶ 如图 1,在锐角 $\triangle ABC$ 中,BC 是最短边,其垂心为 H,在边 AB,AC 上分别取点 P,Q($P \neq B$,$Q \neq C$),使得 $BQ = BC = CP$.设 $\triangle APQ$ 的外心为 T,直线 BQ 交 CP 于点 S.求证:T,H,S 三点共线.

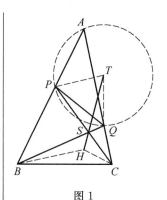

图 1

证明 因为 $BQ = BC = CP$,所以 $\triangle BCQ$,$\triangle CBP$ 都是等腰三角形.

又因为 H 是 $\triangle ABC$ 的垂心,所以

$$\angle CBH = 90° - \angle ACB$$
$$= \frac{1}{2}\angle CBQ \Rightarrow BH \text{ 平分 } \angle CBQ.$$

同理可得 CH 平分 $\angle BCS$,即 H 是 $\triangle BCS$ 的内心,知

$$\angle BHC = 90° + \frac{1}{2}\angle BSC$$
$$\Rightarrow \angle BSC = 2(\angle BHC - 90°)$$
$$= 2(90° - \angle A) = 180° - 2\angle A.$$

由 T 是 $\triangle APQ$ 的外心得 $\angle PTQ = 2\angle A$.

于是 $\angle PTQ + \angle PSQ = 2\angle A + \angle BSC = 180° \Rightarrow T$,$P$,$S$,$Q$ 四点共圆.

又因为 $TP = TQ$,所以 ST 平分 $\angle PSQ$,而 SH 平分 $\angle BSC$($\angle PSQ$ 的对顶角).

故 T,S,H 三点共线.

❷ 设 $\mathbf{N}_+ = \{1, 2, 3, \cdots\}$ 是所有正整数构成的集合.求所有函数 $f: \mathbf{N}_+ \to \mathbf{N}_+$,使得对任意正整数 a,b,有:

(1) $f(ab) = f(a)f(b)$.

(2) $f(a)$,$f(b)$,$f(a+b)$ 中至少有两个数相等.

解 在(1) 中取 $a = b = 1$ 得 $f(1) = 1$.

若对任意素数 p,都有 $f(p) = 1$,则由(1)易知对任意正整数 n,有 $f(n) = 1$.

若存在素数 p，使得 $f(p) \neq 1$，设 p_0 是使其成立的最小素数，记 $f(p_0) = c (c \in \mathbf{N}_+$ 且 $c \neq 1)$.

由 p_0 的最小性，知对任意小于 p_0 的正整数 n，有 $f(n) = 1$.

下面先用数学归纳法证明：对任意 $m \in \mathbf{N}_+$，$f(p_0^m - 1) = 1$（记作式（ * ））.

当 $m = 1$ 时，式（ * ）成立.

假设当 $m = k (k \geqslant 1)$ 时，式（ * ）成立.

对于 $m = k + 1$，由条件（2）知 $f(p_0^{k+1} - 1), f(1) = 1$，$f(p_0^{k+1}) = C^{k+1}$ 中至少有两个数相等，故

$$f(p_0^{k+1} - 1) \in \{1, C^{k+1}\}. \qquad ①$$

在条件（1）中取 $a = p_0, b = p_0^k - 1$，并结合归纳假设得

$$f(p_0(p_0^k - 1)) = f(p_0)f(p_0^k - 1) = c.$$

又由条件（2）知 $f(p_0(p_0^k - 1)) = C, f(p_0 - 1) = 1, f(p_0^{k+1} - 1)$ 中至少有两个数相等，故

$$f(p_0^{k+1} - 1) \in \{c, 1\}. \qquad ②$$

结合式 ①② 得 $f(p_0^{k+1} - 1) = 1$.

故式（ * ）成立.

任选一个与 p_0 互素的正整数，记为 q.

由欧拉定理得 $p_0^{\varphi(q)} \equiv 1 (\bmod q)$.

在条件（1）中取 $a = q, b = \dfrac{p_0^{\varphi(q)} - 1}{q}$，并利用式（ * ）得

$$f(q)f\left(\frac{p_0^{\varphi(q)} - 1}{q}\right) = 1 \Rightarrow f(q) = 1.$$

即对任意与 p_0 互素的正整数 q，都有 $f(q) = 1$.

再由条件（1）易知，对任意正整数 n，有 $f(n) = C^{v_{p_0}(n)}$，其中 $v_{p_0}(n)$ 表示 n 的标准分解式中 p_0 的指数，易验证该函数满足题意，且 $f(n) = 1, \forall n \in \mathbf{N}_+$ 是 $c = 1$ 的特例.

故所求为 $f(n) = C^{v_p(n)}, \forall n \in \mathbf{N}_+$，其中 C 是正整数，p 是素数.

---

❸ 若一个无穷项正整数数列 $a_1, a_2, \cdots$ 满足：

(1) a_1 是完全平方数.

(2) 对任意正整数 $n \geqslant 2, a_n$ 是使得 $na_1 + (n-1)a_2 + \cdots + 2a_{n-1} + a_n$ 是完全平方数的最小正整数.

则称这个数列为"好数列".

求证：对任意一个好数列 $a_1, a_2, \cdots$ 都存在正整数 k，满足对任意正整数 $n \geqslant k$，有 $a_n = a_k$.

证明 令 $b_0 = 0, b_n = \sqrt{na_1 + (n-1)a_2 + \cdots + 2a_{n-1} + a_n}$，

其中 $n = 1, 2, 3, \cdots$，则对任意正整数 n，有 b_n 是正整数，且 $b_n^2 - b_{n-1}^2 = a_1 + a_2 + \cdots + a_n > 0 \Rightarrow b_n > b_{n-1}$。

令 $c_n = b_n - b_{n-1}(n = 1, 2, 3, \cdots)$，则数列 $\{c_n\}$ 的每一项都是正整数。

下面证明：数列 $\{c_n\}$ 不增，即对任意正整数 n，有 $c_n \geqslant c_{n-1}$。

因为

$$a_1 + a_2 + \cdots + a_n$$
$$= b_n^2 - b_{n-1}^2 = b_n^2 - (b_n - c_n)^2$$
$$< (b_n + c_n)^2 - b_n^2,$$

所以 $\qquad b_n^2 + a_1 + a_2 + \cdots + a_n < (b_n + c_n)^2$。

而 a_{n+1} 是使得 $b_n^2 + a_1 + a_2 + \cdots + a_{n+1}$ 是完全平方数的最小正整数。因此 $b_n^2 + a_1 + a_2 + \cdots + a_{n+1} \leqslant (b_n + c_n)^2$，即 $b_{n+1}^2 \leqslant (b_n + c_n)^2 \Rightarrow b_{n+1} \leqslant b_n + c_n \Rightarrow c_n \geqslant c_{n+1}$。

故正整数数列 $\{c_n\}$ 不增。

于是数列 $\{c_n\}$ 将从某一项起，之后的各项都相等，即存在 $m \in \mathbf{N}_+$，使得对任意正整数 $n \geqslant m$，有 $c_n = c_m$。

对于 $n \geqslant m$，有

$$a_1 + a_2 + \cdots + a_n$$
$$= b_n^2 - b_{n-1}^2$$
$$= b_n^2 - (b_n - c_n)^2$$
$$= b_n^2 - (b_n - c_m)^2$$
$$= c_m(2b_n - c_m),$$

$$a_1 + a_2 + \cdots + a_n + a_{n+1} = c_m(2b_{n+1} - c_m)。$$

以上两式相减得 $a_{n+1} = 2(b_{n+1} - b_n)c_m = 2c_{n+1}c_m = 2c_m^2$。

取 $k = m + 1$，则对任意正整数 $n \geqslant k$，有 $a_n = a_k = 2c_m^2$。

---

❹ 给定正整数 $n \geqslant 2$，求最大的正整数 N，使得存在 $N + 1$ 个实数 $a_0, a_1, \cdots, a_N$ 满足：

(1) $a_0 + a_1 = -\dfrac{1}{n}$。

(2) $(a_k + a_{k-1})(a_k + a_{k+1}) = a_{k-1} - a_{k+1}$，其中 $k = 1, 2, \cdots, N - 1$。

解 令 $b_k = a_k + a_{k+1}$，则 $b_0 = -\dfrac{1}{n}$，对 $k \in \{1, 2, \cdots, N-1\}$，有 $b_{k-1}b_k = b_{k-1} - b_k \Rightarrow b_k = \dfrac{b_{k-1}}{b_{k-1} + 1}$。

由 $b_0 = -\dfrac{1}{n}$，$b_k = \dfrac{b_{k-1}}{b_{k-1} + 1}$ 可依次推出 $b_1 = -\dfrac{1}{n-1}$，$b_2 = $

$-\dfrac{1}{n-2}, \cdots, b_{n-1} = -1.$ 但 b_n 不存在,于是 $N-1 \leqslant n-1$,即 $N \leqslant n$.

另外,N 可取到 n,例如:取 $a_0 = 0, a_{i+1} = \dfrac{1}{i-n} - a_i, i = 0, 1, \cdots,$
$n-1$.

故所求 N 的最大值是 n.

❺ 对任意正整数 n, k,用 $f(n, 2k)$ 表示一张 $n \times 2k$ 的棋盘能被 nk 张 2×1 型多米诺骨牌完全覆盖的方法数(例如,$f(2,2) = 2, f(3,2) = 3$).求所有正整数 n,使得对任意正整数 $k, f(n, 2k)$ 是奇数.

解 先证明对任意正整数 m,有 $f(2m, 2m)$ 是偶数.

若一个 $2m \times 2m$ 的棋盘被 $2m^2$ 张 2×1 型多米诺骨牌完全覆盖,则对其沿对角线(左上到右下)对称.又可得到一种不同于刚才的覆盖方式,这样可对所有覆盖方式两两配对,因此 $f(2m, 2m)$ 是偶数.

再证明:对任意正整数 m, k,有
$$f(2m+1, 2k) \equiv f(m, 2k) \pmod 2. \qquad ①$$

如图 2 所示,对 $(2m+1) \times 2k$ 的棋盘被 $k(2m+1)$ 张 2×1 型多米诺骨牌完全覆盖的方式分成两类:

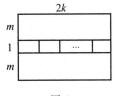

图 2

(1) 第 $m+1$ 行被 k 个 2×1 型多米诺骨牌完全覆盖.这一类的方法数是 $(f(m, 2k))^2$.

(2) 第 $m+1$ 行未被 k 个 2×1 型多米诺骨牌完全覆盖.对其沿第 $m+1$ 行对称,又可得到一种不同于刚才且在这一类的覆盖方式(图 3),这样可对这一类覆盖方式两两配对,即这一类有偶数种方式.

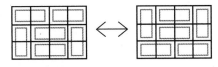

图 3

故 $f(2m+1, 2k) \equiv (f(m, 2k))^2 \equiv f(m, 2k) \pmod 2$.

若正整数 n,满足对任意正整数 k,有 $f(n, 2k)$ 是奇数,则称 n 为好数.

显然 1 是好数,由 $f(2m, 2m)$ 是偶数知好数不是偶数.

由式 ① 知 m 是好数 $\Leftrightarrow 2m+1$ 是好数.

于是 $1, 3, 7, 15, 31, \cdots, 2^r - 1, \cdots$ 这些数都是好数,而其他正整数不是好数.

故所求 $n = 2^r - 1$,其中 r 是任意正整数.

❻ 如图 4 所示,圆内接四边形 $ABCD$ 的外接圆圆心为 O,设 $\angle A$,$\angle B$ 的内角平分线交于点 X;$\angle B$,$\angle C$ 的内角平分线交于点 Y;$\angle C$,$\angle D$ 的内角平分线交于点 Z;$\angle D$,$\angle A$ 的内角平分线交于点 W.记 AC 交 BD 于点 P,且 X,Y,Z,W,O,P 这六个点两两不重合.求证:O,X,Y,Z,W 五点共圆当且仅当 P,X,Y,Z,W 五点共圆.

证明   若四边形 $ABCD$ 中至少有一组对边平行,不妨设 $AB \parallel CD$,X,Z,O,P 四点共线(所在直线是 AB 的中垂线).不可能有 O,X,Y,Z,W 五点共圆,也不可能有 P,X,Y,Z,W 五点共圆,故四边形 $ABCD$ 的两组对边都不平行.

设 $AD \cap BC = E$,$AB \cap CD = F$,记圆内接四边形 $ABCD$ 的外接圆为 Ω.

如图 4 所示,易知 X 是 $\triangle ABE$ 的 E 一旁心,Z 是 $\triangle CDE$ 的内心,W 是 $\triangle ADF$ 的 F 一旁心,Y 是 $\triangle BCF$ 的内心.

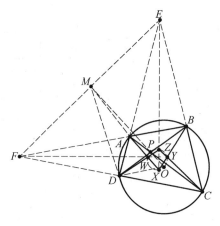

图 4

从而 X,Z,E 三点共线,且该直线平分 $\angle AEB$;Y,W,F 三点共线,且该直线平分 $\angle BFC$.

因为
$$\angle YXW + \angle YZW = \angle AXB + \angle CZD$$
$$= \left(90° - \frac{1}{2}\angle AEB\right) + \left(90° + \frac{1}{2}\angle CED\right)$$
$$= 180°,$$
所以 X,Y,Z,W 四点共圆,记该圆为 W.

因为
$$\angle XZC = \angle ZEC + \angle ZCE$$

$$= \frac{1}{2}\angle CED + \frac{1}{2}\angle BCD$$

$$= 90° - \frac{1}{2}\angle EDC$$

$$= \frac{1}{2}\angle ABC = \angle XBC,$$

所以 B,C,X,Z 四点共圆 $\Rightarrow EB \cdot EC = EX \cdot EZ \Rightarrow$ 点 E 对圆 Ω、圆 ω 等幂 $\Rightarrow$ 点 E 在圆 Ω 与圆 ω 的根轴上.

同理可得点 F 也在圆 Ω 与圆 ω 的根轴上,即 EF 是圆 Ω 与圆 ω 的根轴.

设 $\triangle EAB$ 的外接圆交 EF 于点 E,M.

因为 $\angle FMA = \angle EBA = \angle CDA$,所以 M,A,D,F 四点共圆.

用 $\rho(k)$ 表示点 k 对圆 Ω 的幂.

熟知 $EP^2 = \rho(E) + \rho(P)$,$FP^2 = \rho(F) + \rho(P)$,于是

$$EP^2 - FP^2 = \rho(E) - \rho(F) = EO^2 - FO^2 \Rightarrow OP \perp EF \qquad ①$$

因为

$$EM^2 - FM^2 = EM \cdot EF - FM \cdot EF$$

$$= EA \cdot ED - FA \cdot FB$$

$$= \rho(E) - \rho(F) = EO^2 - FO^2,$$

所以

$$OM \perp EF \qquad ②$$

由式 ①② 得 O,P,M 三点共线,且所在直线与 EF 垂直.

又由 M,A,D,F 四点共圆得 $\angle DMO = 90° - \angle FMD = 90° - \angle FAD = 90° - \angle BCD = 90° - \frac{1}{2}\angle BOD = \angle ODP \Rightarrow \triangle ODP \backsim \triangle OMD \Rightarrow OP \cdot OM = OD^2 = R^2$(记圆 Ω 的半径为 R)$\Rightarrow MP \cdot MO = MO^2 - OP \cdot OM = MO^2 - R^2 = \rho(M)$.

又因为 M 在直线 EF 上,而 EF 是圆 Ω 与圆 ω 的根轴,所以 M 对圆 Ω、圆 ω 等幂,即 M 对圆 ω 的幂等于 $MP \cdot MO$.

这表明,O 在圆 ω 上 $\Leftrightarrow P$ 在圆 ω 上.

❶ 给定整数 $n \geqslant 3$ 和 n 个正实数 $a_1, a_2, \cdots, a_n$. 对每个 $i = 1, 2, \cdots, n$, 记 $b_i = \dfrac{a_{i-1} + a_{i+1}}{a_i}$(这里, 我们约定 $a_0 = a_n, a_{n+1} = a_1$).

假设对所有 $i, j \in \{1, 2, \cdots, n\}$, 都有 $a_i \leqslant a_j$ 当且仅当 $b_i \leqslant b_j$.

证明: $a_1 = a_2 = \cdots = a_n$.

证明 设 $b_k = \max\{b_1, b_2, \cdots, b_n\}$.

一方面, 对任意 $i \in \{1, 2, \cdots, n\}$, 有

$$b_k \geqslant b_i \Rightarrow a_k \geqslant a_i,$$

从而
$$b_k = \frac{a_{k-1} + a_{k+1}}{a_k} \leqslant 2. \qquad ①$$

另一方面
$$b_k \geqslant \frac{1}{n} \sum_{i=1}^{n} b_i = \frac{1}{n} \sum_{i=1}^{n} \frac{a_{i-1} + a_{i+1}}{a_i} = \frac{1}{n} \left(\sum_{i=1}^{n} \frac{a_{i-1}}{a_i} + \sum_{i=1}^{n} \frac{a_{i+1}}{a_i} \right)$$

$$\geqslant \frac{1}{n} \left[n \left(\prod_{i=1}^{n} \frac{a_{i-1}}{a_i} \right)^{\frac{1}{n}} + n \left(\prod_{i=1}^{n} \frac{a_{i+1}}{a_i} \right)^{\frac{1}{n}} \right] = 2. \qquad ②$$

由式 ①② 得 $b_k = 2$, 且式 ② 取到等号. 由均值不等式取等条件知 $\dfrac{a_n}{a_1} = \dfrac{a_1}{a_2} = \dfrac{a_2}{a_3} = \cdots = \dfrac{a_{n-1}}{a_n}$, 即 $a_1 = a_2 = \cdots = a_n$.

❷ 如图 1 所示, 设 D 是锐角 $\triangle ABC$ 外接圆上一点, 使得 AD 为直径. 设点 K 和点 L 分别在线段 AB 和 AC 上, 满足 DK 和 DL 都与 $\triangle AKL$ 的外接圆相切.

证明: $\triangle ABC$ 的垂心在直线 KL 上.

说明: 三角形的垂心是三角形三条高线的交点.

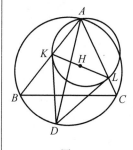

图 1

证明 如图 2 所示, 设 $\triangle ABC$ 的垂心为 H, KL 的中点为 M. 由 $DK = DL$ 知 $DM \perp KL$.

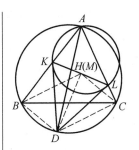

因为 $\angle DBK = \angle DML = 90°$,所以 B,D,M,K 四点共圆,可知

$$\angle ABM = \angle KDM = 90° - \angle DKL$$
$$= 90° - \angle BAC = \angle ABH$$
$$\Rightarrow M \text{ 在直线 } BH \text{ 上.}$$

同理可证:M 在直线 CH 上.

从而 $M = BH \bigcap CH = H$,即 M 与 H 重合,亦即 $\triangle ABC$ 的垂心 H 在直线 KL 上.

图 2

---

❸ 给定正整数 k,一个间谍的密码本 D 上写有若干只由字母 A 和 B 组成的长度为 k 个字母的字符串.间谍希望在 $k \times k$ 的方格表中每个方格全填上字母 A 或 B,使得每一列从上到下读恰好是 D 中的某个字符串,且每一行从左到右读也是 D 中的某个字符串.

求最小的正整数 m 满足:只要 D 中含有至少 m 个不同的字符串,不论含有的是哪些字符串,间谍一定可以按上述要求填好方格表.

解 若 D 包含除 $\underbrace{AA\cdots A}_{k\text{个}}$ 以外的所有以 A 开头的字符串,则对任意 $i \in \{1,2,\cdots,k\}$,第 i 列的第一个字母是 A,即第一行是 $\underbrace{AA\cdots A}_{k\text{个}}$,这与 $\underbrace{AA\cdots A}_{k\text{个}}$ 不在 D 中矛盾,故 $m \geqslant 2^{k-1}$.

下面证明:m 可取到 2^{k-1}.

当 D 中有 $\underbrace{AA\cdots A}_{k\text{个}}$(或 $\underbrace{BB\cdots B}_{k\text{个}}$)时,将 $k \times k$ 的方格表中每个方格全填上字母 A(或 B)即可.

当 D 中不含 $\underbrace{AA\cdots A}_{k\text{个}}$,$\underbrace{BB\cdots B}_{k\text{个}}$ 时,由 D 中含有至少 2^{k-1} 个不同的字符串,知存在两个字符串上的每个位置均填不同的字母.记这两个字符串为 $a_1 a_2 \cdots a_k$,$b_1 b_2 \cdots b_k$,$\{a_i,b_i\} = \{0,1\}$,$i = 1,2,\cdots$,k.其中用 0 表示 A,用 1 表示 B.

将 $k \times k$ 的方格表中第 i 行和第 j 列的方格填入 $a_i + a_j (\bmod 2)$ 即可.

故 m 的最小值是 2^{k-1}.

❹ 极速蜗牛开始时站在周长为 1 的圆周上的某一点. 对指定的无穷正实数序列 $c_1, c_2, c_3, \cdots$, 蜗牛依次绕着圆周爬行距离 $c_1, c_2, c_3, \cdots$, 每一次爬行的方向要么是顺时针, 要么是逆时针.

例如, 如果指定的序列 $c_1, c_2, c_3, \cdots$ 是 $0.4, 0.6, 0.3, \cdots$, 那么蜗牛可以按如图 3 所示方式爬行:

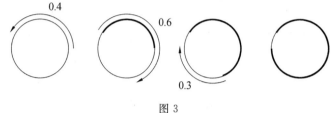

图 3

求满足下述条件的最大的正实数 C: 对任一正实数序列 $c_1, c_2, c_3, \cdots$, 若对所有 i 都有 $c_i < C$, 则蜗牛 (在研究过整个序列之后) 可以保证存在圆周上的某一点, 它永远也不会到达或者经过该点.

解 当 $C > \dfrac{1}{2}$ 时, 取 $x \in \left(\dfrac{1}{2}, C\right)$.

若 i 为奇数, 则令 $C_i = x$; 若 i 为偶数, 则令 $C_i = \dfrac{1}{2}$.

若蜗牛连续两次同向爬行, 则必经过整个圆周. 因此, 蜗牛必须连续两次向不同方向爬行, 即连续两次爬行的方向一次为顺时针, 一次为逆时针. 于是, 对任意正整数 N, 蜗牛在 $2N$ 次爬行之后与最初位置的距离是 $\left(x - \dfrac{1}{2}\right)N$. 取 $N > \dfrac{1}{x - \dfrac{1}{2}}$, 有 $\left(x - \dfrac{1}{2}\right) \cdot N > 1$. 这表明蜗牛可经过圆周上任意点, 矛盾.

故 $C \leqslant \dfrac{1}{2}$.

对于 $C = \dfrac{1}{2}$ 时, 蜗牛可在圆周上任选一点为起始点, 记为 A. 每次移动总是往远离 A 的方向爬行. 这样它将永远也不会到达或者经过点 A, 即 C 的最大值是 $\dfrac{1}{2}$.

❺ 给定整数 $s \geqslant 2$. 对任一正整数 k, 定义它的转换 k' 如下: 将 k 表示为 $as+b$, 这里 a,b 是非负整数且 $b<s$, 则 $k'=bs+a$. 对正整数 n, 考虑无穷序列 $d_1, d_2, \cdots$, 满足 $d_1=n$ 且对所有正整数 i, d_{i+1} 是 d_i 的转换.

证明: 此序列中包含 1, 当且仅当 n 除以 s^2-1 的余数是 1 或者 s.

证明　注意到, 对任意非负整数 a, b, 有
$$as+b \equiv as+bs^2 \equiv s(bs+a) \pmod{s^2-1},$$
即
$$d_i \equiv sd_{i+1} \pmod{s^2-1}, i=1,2,\cdots. \tag{$*$}$$

先证明: 若序列中包含 1, 则 $n \equiv 1$ 或 $s \pmod{s^2-1}$.

设 $d_{m+1}=1$, 则由式 ($*$) 得
$$n=d_1 \equiv sd_2 \equiv s^2d_3 \equiv \cdots \equiv s^md_{m+1} \equiv s^m \pmod{s^2-1}.$$

当 m 是偶数时, $s^m \equiv 1 \pmod{s^2-1}$; 当 m 是奇数时, $s^m \equiv s \pmod{s^2-1}$.

故 $n \equiv 1$ 或 $s \pmod{s^2-1}$.

再证明: 若 $n \equiv 1$ 或 $s \pmod{s^2-1}$, 则序列中包含 1.

由式 ($*$) 可知 $sd_2 \equiv d_1 \equiv 1$ 或 $s \pmod{s^2-1} \Rightarrow d_2 \equiv 1$ 或 $s \pmod{s^2-1}$. 依次类推, 得 $d_i \equiv 1$ 或 $s \pmod{s^2-1}, i=1,2,3,\cdots$.

设 $d_i=a_is+b_i$, 这里 a_i, b_i 是非负整数且 $b_i<s$, 则 $d_{i+1}=b_is+a_i, d_i-d_{i+1}=(a_i-b_i)(s-1)$. 若 $a_i>b_i$, 则 $d_i>d_{i+1}$.

无穷序列 $d_1, d_2, \cdots$ 的每一项都是正整数, 不可能单调递减, 必有某个 d_t, 满足 $a_t \leqslant b_t$, 则
$$\begin{aligned} d_t &= a_ts+b_t \\ &\leqslant b_ts+b_t \\ &\leqslant (s-1)s+(s-1) \\ &= s^2-1. \end{aligned}$$

而 $d_t \equiv 1, s \pmod{s^2-1}$, 故 $d_t \in \{1,s\}$.

若 $d_t=s$, 则 $d_{t+1}=1$, 即 $d_t=1$ 或 $d_{t+1}=1$.

❻ 记 $\triangle ABC$ 的外接圆为 Ω. 如图 4 所示,设 S_b 和 S_c 分别为 $\overset{\frown}{AC}$ 和 $\overset{\frown}{AB}$(不含三角形第三个顶点的一侧)的中点. 设 N_a 为 $\overset{\frown}{BAC}$(含 A 一侧的 $\overset{\frown}{BC}$)的中点. 记 I 为 $\triangle ABC$ 的内心. 设 ω_b 是与 AB 相切且在点 S_b 处内切于圆 Ω 的圆,ω_c 是与 AC 相切且在点 S_c 处内切于圆 Ω 的圆. 证明:直线 IN_a 和通过圆 ω_b 与圆 ω_c 交点的直线相交于圆 Ω 上某点.

说明:三角形的内心是三角形内切圆(三角形内部的与三边都相切的圆)的圆心.

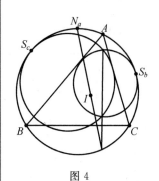

图 4

证明　如图 5 所示,设圆 Ω,ω_b,ω_c 的圆心分别为 O,O_b,O_c,则 O,O_b,S_b 三点共线;O,O_c,S_c 三点共线.

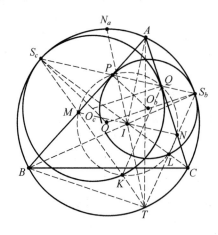

图 5

设 ω_b 与 AB 相切于点 P,ω_c 与 AC 相切于点 Q,则 $O_bP \perp AB$,$O_cQ \perp AC$.

又因为 S_b,S_c 分别是 $\overset{\frown}{AC},\overset{\frown}{AB}$ 的中点,所以 $OS_b \perp AC$,$OS_c \perp AB$.

所以 $OS_b \ /\!/ \ O_cQ,OS_c \ /\!/ \ O_bP$.

于是 $\angle OS_cS_b = 90° - \dfrac{1}{2}\angle S_cOS_b = 90° - \dfrac{1}{2}\angle S_cO_cQ = \angle O_cS_cQ \Rightarrow S_c,Q,S_b$ 三点共线.

同理可证:S_b,P,S_c 三点共线,即 S_c,P,Q,S_b 四点共线.

设 N_aI 与圆 Ω 不同于 N_a 的交点为 T,下面证明:T 在 ω_b 与 ω_c 的根轴上.

设 $TS_c \cap AB = M,TS_b \cap AC = N$.

在圆内接六边形 ABS_bTS_cC 中,$AB \cap TS_c = M,BS_b \cap S_cC = I,AC \cap S_bT = N$. 由帕斯卡定理知 M,I,N 三点共线.

因为 S_b, N_a, S_c 分别是 $\overparen{AC}, \overparen{BAC}, \overparen{AB}$ 的中点,所以 $\overparen{AS_b} = \frac{1}{2}\overparen{AC} = \frac{1}{2}(\overparen{BAC} - \overparen{AB}) = \overparen{BN_a} - \overparen{BS_c} = \overparen{S_cN_a} \Rightarrow \angle ABS_b = \angle S_cTN_a \Rightarrow M, I, T, B$ 四点共圆 $\Rightarrow \angle AMN = \angle BTN_a$.

同理可证:$\angle ANM = \angle CTN_a$,即 $\angle AMN = \angle ANM \Rightarrow AI \perp MN$.

又易知 $AI \perp S_bS_c$,故 $MN /\!/ S_bS_c \Rightarrow$ 四边形 $PQNM$ 是等腰梯形. 这四个顶点在同一个圆上,记该圆为 ω.

设 TS_c 与圆 ω_c 不同于 S_c 的交点为 k,TS_b 与圆 ω_b 不同于 S_b 的交点为 L.

因为 $\angle S_cKQ = \frac{1}{2}\angle S_cO_cQ = \frac{1}{2}\angle PO_bS_b = \angle APQ$,所以 K 在圆 ω 上.

同理可证:L 在圆 ω 上,即 K, L, N, M 四点共圆.

又因为 $MN /\!/ S_cS_b$,所以 K, L, S_b, S_c 四点共圆.

所以 $TL \cdot TS_b = TK \cdot TS_c \Rightarrow T$ 对圆 ω_b, ω_c 等幂 $\Rightarrow T$ 在 ω_b 与 ω_c 的根轴上.

刘培杰数学工作室
已出版(即将出版)图书目录——初等数学

书　名	出版时间	定　价	编号
新编中学数学解题方法全书(高中版)上卷(第2版)	2018－08	58.00	951
新编中学数学解题方法全书(高中版)中卷(第2版)	2018－08	68.00	952
新编中学数学解题方法全书(高中版)下卷(一)(第2版)	2018－08	58.00	953
新编中学数学解题方法全书(高中版)下卷(二)(第2版)	2018－08	58.00	954
新编中学数学解题方法全书(高中版)下卷(三)(第2版)	2018－08	68.00	955
新编中学数学解题方法全书(初中版)上卷	2008－01	28.00	29
新编中学数学解题方法全书(初中版)中卷	2010－07	38.00	75
新编中学数学解题方法全书(高考复习卷)	2010－01	48.00	67
新编中学数学解题方法全书(高考真题卷)	2010－01	38.00	62
新编中学数学解题方法全书(高考精华卷)	2011－03	68.00	118
新编平面解析几何解题方法全书(专题讲座卷)	2010－01	18.00	61
新编中学数学解题方法全书(自主招生卷)	2013－08	88.00	261
数学奥林匹克与数学文化(第一辑)	2006－05	48.00	4
数学奥林匹克与数学文化(第二辑)(竞赛卷)	2008－01	48.00	19
数学奥林匹克与数学文化(第二辑)(文化卷)	2008－07	58.00	36′
数学奥林匹克与数学文化(第三辑)(竞赛卷)	2010－01	48.00	59
数学奥林匹克与数学文化(第四辑)(竞赛卷)	2011－08	58.00	87
数学奥林匹克与数学文化(第五辑)	2015－06	98.00	370
世界著名平面几何经典著作钩沉——几何作图专题卷(共3卷)	2022－01	198.00	1460
世界著名平面几何经典著作钩沉(民国平面几何老课本)	2011－03	38.00	113
世界著名平面几何经典著作钩沉(建国初期平面三角老课本)	2015－08	38.00	507
世界著名解析几何经典著作钩沉——平面解析几何卷	2014－01	38.00	264
世界著名数论经典著作钩沉(算术卷)	2012－01	28.00	125
世界著名数学经典著作钩沉——立体几何卷	2011－02	28.00	88
世界著名三角学经典著作钩沉(平面三角卷Ⅰ)	2010－06	28.00	69
世界著名三角学经典著作钩沉(平面三角卷Ⅱ)	2011－01	38.00	78
世界著名初等数论经典著作钩沉(理论和实用算术卷)	2011－07	38.00	126
世界著名几何经典著作钩沉(解析几何卷)	2022－10	68.00	1564
发展你的空间想象力(第3版)	2021－01	98.00	1464
空间想象力进阶	2019－05	68.00	1062
走向国际数学奥林匹克的平面几何试题诠释.第1卷	2019－07	88.00	1043
走向国际数学奥林匹克的平面几何试题诠释.第2卷	2019－09	78.00	1044
走向国际数学奥林匹克的平面几何试题诠释.第3卷	2019－03	78.00	1045
走向国际数学奥林匹克的平面几何试题诠释.第4卷	2019－09	98.00	1046
平面几何证明方法全书	2007－08	48.00	1
平面几何证明方法全书习题解答(第2版)	2006－12	18.00	10
平面几何天天练上卷·基础篇(直线型)	2013－01	58.00	208
平面几何天天练中卷·基础篇(涉及圆)	2013－01	28.00	234
平面几何天天练下卷·提高篇	2013－01	58.00	237
平面几何专题研究	2013－07	98.00	258
平面几何解题之道.第1卷	2022－05	38.00	1494
几何学习题集	2020－10	48.00	1217
通过解题学习代数几何	2021－04	88.00	1301
圆锥曲线的奥秘	2022－06	88.00	1541

刘培杰数学工作室
已出版(即将出版)图书目录——初等数学

书　名	出版时间	定　价	编号
最新世界各国数学奥林匹克中的平面几何试题	2007—09	38.00	14
数学竞赛平面几何典型题及新颖解	2010—07	48.00	74
初等数学复习及研究(平面几何)	2008—09	68.00	38
初等数学复习及研究(立体几何)	2010—06	38.00	71
初等数学复习及研究(平面几何)习题解答	2009—01	58.00	42
几何学教程(平面几何卷)	2011—03	68.00	90
几何学教程(立体几何卷)	2011—07	68.00	130
几何变换与几何证题	2010—06	88.00	70
计算方法与几何证题	2011—06	28.00	129
立体几何技巧与方法(第2版)	2022—10	168.00	1572
几何瑰宝——平面几何500名题暨1500条定理(上、下)	2021—07	168.00	1358
三角形的解法与应用	2012—07	18.00	183
近代的三角形几何学	2012—07	48.00	184
一般折线几何学	2015—08	48.00	503
三角形的五心	2009—06	28.00	51
三角形的六心及其应用	2015—10	68.00	542
三角形趣谈	2012—08	28.00	212
解三角形	2014—01	28.00	265
探秘三角形:一次数学旅行	2021—10	68.00	1387
三角学专门教程	2014—09	28.00	387
图天下几何新题试卷.初中(第2版)	2017—11	58.00	855
圆锥曲线习题集(上册)	2013—06	68.00	255
圆锥曲线习题集(中册)	2015—01	78.00	434
圆锥曲线习题集(下册·第1卷)	2016—10	78.00	683
圆锥曲线习题集(下册·第2卷)	2018—01	98.00	853
圆锥曲线习题集(下册·第3卷)	2019—10	128.00	1113
圆锥曲线的思想方法	2021—08	48.00	1379
圆锥曲线的八个主要问题	2021—10	48.00	1415
论九点圆	2015—05	88.00	645
近代欧氏几何学	2012—03	48.00	162
罗巴切夫斯基几何学及几何基础概要	2012—07	28.00	188
罗巴切夫斯基几何学初步	2015—06	28.00	474
用三角、解析几何、复数、向量计算解数学竞赛几何题	2015—03	48.00	455
用解析法研究圆锥曲线的几何理论	2022—05	48.00	1495
美国中学几何教程	2015—04	88.00	458
三线坐标与三角形特征点	2015—04	98.00	460
坐标几何学基础.第1卷,笛卡儿坐标	2021—08	48.00	1398
坐标几何学基础.第2卷,三线坐标	2021—09	28.00	1399
平面解析几何方法与研究(第1卷)	2015—05	28.00	471
平面解析几何方法与研究(第2卷)	2015—06	38.00	472
平面解析几何方法与研究(第3卷)	2015—07	28.00	473
解析几何研究	2015—01	38.00	425
解析几何学教程.上	2016—01	38.00	574
解析几何学教程.下	2016—01	38.00	575
几何学基础	2016—01	58.00	581
初等几何研究	2015—02	58.00	444
十九和二十世纪欧氏几何学中的片段	2017—01	58.00	696
平面几何中考.高考.奥数一本通	2017—07	28.00	820
几何学简史	2017—08	28.00	833
四面体	2018—01	48.00	880
平面几何证明方法思路	2018—12	68.00	913
折纸中的几何练习	2022—09	48.00	1559
中学新几何学(英文)	2022—10	98.00	1562
线性代数与几何	2023—04	68.00	1633
四面体几何学引论	2023—06	68.00	1648

书　名	出版时间	定　价	编号
平面几何图形特性新析.上篇	2019—01	68.00	911
平面几何图形特性新析.下篇	2018—06	88.00	912
平面几何范例多解探究.上篇	2018—04	48.00	910
平面几何范例多解探究.下篇	2018—12	68.00	914
从分析解题过程学解题:竞赛中的几何问题研究	2018—07	68.00	946
从分析解题过程学解题:竞赛中的向量几何与不等式研究(全2册)	2019—06	138.00	1090
从分析解题过程学解题:竞赛中的不等式问题	2021—01	48.00	1249
二维、三维欧氏几何的对偶原理	2018—12	38.00	990
星形大观及闭折线论	2019—03	68.00	1020
立体几何的问题和方法	2019—11	58.00	1127
三角代换论	2021—05	58.00	1313
俄罗斯平面几何问题集	2009—08	88.00	55
俄罗斯立体几何问题集	2014—03	58.00	283
俄罗斯几何大师——沙雷金论数学及其他	2014—01	48.00	271
来自俄罗斯的5000道几何习题及解答	2011—03	58.00	89
俄罗斯初等数学问题集	2012—05	38.00	177
俄罗斯函数问题集	2011—03	38.00	103
俄罗斯组合分析问题集	2011—01	48.00	79
俄罗斯初等数学万题选——三角卷	2012—11	38.00	222
俄罗斯初等数学万题选——代数卷	2013—08	68.00	225
俄罗斯初等数学万题选——几何卷	2014—01	68.00	226
俄罗斯《量子》杂志数学征解问题100题选	2018—08	48.00	969
俄罗斯《量子》杂志数学征解问题又100题选	2018—08	48.00	970
俄罗斯《量子》杂志数学征解问题	2020—05	48.00	1138
463个俄罗斯几何老问题	2012—01	28.00	152
《量子》数学短文精粹	2018—09	38.00	972
用三角、解析几何等计算解来自俄罗斯的几何题	2019—11	88.00	1119
基谢廖夫平面几何	2022—01	48.00	1461
基谢廖夫立体几何	2023—04	48.00	1599
数学:代数、数学分析和几何(10—11年级)	2021—01	48.00	1250
直观几何学:5—6年级	2022—04	58.00	1508
几何学:第2版.7—9年级	2023—08	68.00	1684
平面几何:9—11年级	2022—10	48.00	1571
立体几何.10—11年级	2022—01	58.00	1472

书　名	出版时间	定　价	编号
谈谈素数	2011—03	18.00	91
平方和	2011—03	18.00	92
整数论	2011—05	38.00	120
从整数谈起	2015—10	28.00	538
数与多项式	2016—01	38.00	558
谈谈不定方程	2011—05	28.00	119
质数漫谈	2022—07	68.00	1529

书　名	出版时间	定　价	编号
解析不等式新论	2009—06	68.00	48
建立不等式的方法	2011—03	98.00	104
数学奥林匹克不等式研究(第2版)	2020—07	68.00	1181
不等式研究(第三辑)	2023—08	198.00	1673
不等式的秘密(第一卷)(第2版)	2014—02	38.00	286
不等式的秘密(第二卷)	2014—01	38.00	268
初等不等式的证明方法	2010—06	38.00	123
初等不等式的证明方法(第二版)	2014—11	38.00	407
不等式·理论·方法(基础卷)	2015—07	38.00	496
不等式·理论·方法(经典不等式卷)	2015—07	38.00	497
不等式·理论·方法(特殊类型不等式卷)	2015—07	48.00	498
不等式探究	2016—03	38.00	582
不等式探秘	2017—01	88.00	689
四面体不等式	2017—01	68.00	715
数学奥林匹克中常见重要不等式	2017—09	38.00	845

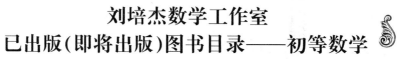

刘培杰数学工作室
已出版(即将出版)图书目录——初等数学

书 名	出版时间	定 价	编号
三正弦不等式	2018—09	98.00	974
函数方程与不等式:解法与稳定性结果	2019—04	68.00	1058
数学不等式.第1卷,对称多项式不等式	2022—05	78.00	1455
数学不等式.第2卷,对称有理不等式与对称无理不等式	2022—05	88.00	1456
数学不等式.第3卷,循环不等式与非循环不等式	2022—05	88.00	1457
数学不等式.第4卷,Jensen不等式的扩展与加细	2022—05	88.00	1458
数学不等式.第5卷,创建不等式与解不等式的其他方法	2022—05	88.00	1459
不定方程及其应用.上	2018—12	58.00	992
不定方程及其应用.中	2019—01	78.00	993
不定方程及其应用.下	2019—02	98.00	994
Nesbitt不等式加强式的研究	2022—06	128.00	1527
最值定理与分析不等式	2023—02	78.00	1567
一类积分不等式	2023—02	88.00	1579
邦费罗尼不等式及概率应用	2023—05	58.00	1637
同余理论	2012—05	38.00	163
[x]与{x}	2015—04	48.00	476
极值与最值.上卷	2015—06	28.00	486
极值与最值.中卷	2015—06	38.00	487
极值与最值.下卷	2015—06	28.00	488
整数的性质	2012—11	38.00	192
完全平方数及其应用	2015—08	78.00	506
多项式理论	2015—10	88.00	541
奇数、偶数、奇偶分析法	2018—01	98.00	876
历届美国中学生数学竞赛试题及解答(第一卷)1950—1954	2014—07	18.00	277
历届美国中学生数学竞赛试题及解答(第二卷)1955—1959	2014—04	18.00	278
历届美国中学生数学竞赛试题及解答(第三卷)1960—1964	2014—06	18.00	279
历届美国中学生数学竞赛试题及解答(第四卷)1965—1969	2014—04	28.00	280
历届美国中学生数学竞赛试题及解答(第五卷)1970—1972	2014—06	18.00	281
历届美国中学生数学竞赛试题及解答(第六卷)1973—1980	2017—07	18.00	768
历届美国中学生数学竞赛试题及解答(第七卷)1981—1986	2015—01	18.00	424
历届美国中学生数学竞赛试题及解答(第八卷)1987—1990	2017—05	18.00	769
历届国际数学奥林匹克试题集	2023—09	158.00	1701
历届中国数学奥林匹克试题集(第3版)	2021—10	58.00	1440
历届加拿大数学奥林匹克试题集	2012—08	38.00	215
历届美国数学奥林匹克试题集	2023—08	98.00	1681
历届波兰数学竞赛试题集.第1卷,1949~1963	2015—03	18.00	453
历届波兰数学竞赛试题集.第2卷,1964~1976	2015—03	18.00	454
历届巴尔干数学奥林匹克试题集	2015—05	38.00	466
保加利亚数学奥林匹克	2014—10	38.00	393
圣彼得堡数学奥林匹克试题集	2015—01	38.00	429
匈牙利奥林匹克数学竞赛题解.第1卷	2016—05	28.00	593
匈牙利奥林匹克数学竞赛题解.第2卷	2016—05	28.00	594
历届美国数学邀请赛试题集(第2版)	2017—10	78.00	851
普林斯顿大学数学竞赛	2016—06	38.00	669
亚太地区数学奥林匹克竞赛题	2015—07	18.00	492
日本历届(初级)广中杯数学竞赛试题及解答.第1卷(2000~2007)	2016—05	28.00	641
日本历届(初级)广中杯数学竞赛试题及解答.第2卷(2008~2015)	2016—05	38.00	642
越南数学奥林匹克题选:1962—2009	2021—07	48.00	1370
360个数学竞赛问题	2016—08	58.00	677
奥数最佳实战题.上卷	2017—06	38.00	760
奥数最佳实战题.下卷	2017—05	58.00	761
哈尔滨市早期中学数学竞赛试题汇编	2016—07	28.00	672
全国高中数学联赛试题及解答:1981—2019(第4版)	2020—07	138.00	1176
2024年全国高中数学联合竞赛模拟题集	2024—01	38.00	1702

刘培杰数学工作室
已出版(即将出版)图书目录——初等数学

书 名	出版时间	定 价	编号
20 世纪 50 年代全国部分城市数学竞赛试题汇编	2017－07	28.00	797
国内外数学竞赛题及精解:2018～2019	2020－08	45.00	1192
国内外数学竞赛题及精解:2019～2020	2021－11	58.00	1439
许康华竞赛优学精选集.第一辑	2018－08	68.00	949
天问叶班数学问题征解 100 题. Ⅰ ,2016－2018	2019－05	88.00	1075
天问叶班数学问题征解 100 题. Ⅱ ,2017－2019	2020－07	98.00	1177
美国初中数学竞赛:AMC8 准备(共 6 卷)	2019－07	138.00	1089
美国高中数学竞赛:AMC10 准备(共 6 卷)	2019－08	158.00	1105
王连笑教你怎样学数学:高考选择题解题策略与客观题实用训练	2014－01	48.00	262
王连笑教你怎样学数学:高考数学高层次讲座	2015－02	48.00	432
高考数学的理论与实践	2009－08	38.00	53
高考数学核心题型解题方法与技巧	2010－01	28.00	86
高考思维新平台	2014－03	38.00	259
高考数学压轴题解题诀窍(上)(第 2 版)	2018－01	58.00	874
高考数学压轴题解题诀窍(下)(第 2 版)	2018－01	48.00	875
北京市五区文科数学三年高考模拟题详解:2013～2015	2015－08	48.00	500
北京市五区理科数学三年高考模拟题详解:2013～2015	2015－09	68.00	505
向量法巧解数学高考题	2009－08	28.00	54
高中数学课堂教学的实践与反思	2021－11	48.00	791
数学高考参考	2016－01	78.00	589
新课程标准高考数学解答题各种题型解法指导	2020－08	78.00	1196
全国及各省市高考数学试题审题要津与解法研究	2015－02	48.00	450
高中数学章节起始课的教学研究与案例设计	2019－05	28.00	1064
新课标高考数学——五年试题分章详解(2007～2011)(上、下)	2011－10	78.00	140,141
全国中考数学压轴题审题要津与解法研究	2013－04	78.00	248
新编全国及各省市中考数学压轴题审题要津与解法研究	2014－05	58.00	342
全国及各省市 5 年中考数学压轴题审题要津与解法研究(2015 版)	2015－04	58.00	462
中考数学专题总复习	2007－04	28.00	6
中考数学较难题常考题型解题方法与技巧	2016－09	48.00	681
中考数学难题常考题型解题方法与技巧	2016－09	48.00	682
中考数学中档题常考题型解题方法与技巧	2017－08	68.00	835
中考数学选择填空压轴好题妙解 365	2024－01	80.00	1698
中考数学:三类重点考题的解法例析与习题	2020－04	48.00	1140
中小学数学的历史文化	2019－11	48.00	1124
初中平面几何百题多思创新解	2020－01	58.00	1125
初中数学中考备考	2020－01	58.00	1126
高考数学之九章演义	2019－08	68.00	1044
高考数学之难题谈笑间	2022－06	68.00	1519
化学可以这样学:高中化学知识方法智慧感悟疑难辨析	2019－07	58.00	1103
如何成为学习高手	2019－09	58.00	1107
高考数学:经典真题分类解析	2020－04	78.00	1134
高考数学解答题破解策略	2020－11	58.00	1221
从分析解题过程学解题:高考压轴题与竞赛题之关系探究	2020－08	88.00	1179
教学新思考:单元整体视角下的初中数学教学设计	2021－03	58.00	1278
思维再拓展:2020 年经典几何题的多解探究与思考	即将出版		1279
中考数学小压轴汇编初讲	2017－07	48.00	788
中考数学大压轴专题微言	2017－09	48.00	846
怎么解中考平面几何探索题	2019－06	48.00	1093
北京中考数学压轴题解题方法突破(第 9 版)	2024－01	78.00	1645
助你高考成功的数学解题智慧:知识是智慧的基础	2016－01	58.00	596
助你高考成功的数学解题智慧:错误是智慧的试金石	2016－04	58.00	643
助你高考成功的数学解题智慧:方法是智慧的推手	2016－04	68.00	657
高考数学奇思妙解	2016－04	38.00	610
高考数学解题策略	2016－05	48.00	670
数学解题泄天机(第 2 版)	2017－10	48.00	850

刘培杰数学工作室
已出版(即将出版)图书目录——初等数学

书　名	出版时间	定　价	编号
高中物理教学讲义	2018—01	48.00	871
高中物理教学讲义:全模块	2022—03	98.00	1492
高中物理答疑解惑65篇	2021—11	48.00	1462
中学物理基础问题解析	2020—08	48.00	1183
初中数学、高中数学脱节知识补缺教材	2017—06	48.00	766
高考数学客观题解题方法和技巧	2017—10	38.00	847
十年高考数学精品试题审题要津与解法研究	2021—10	98.00	1427
中国历届高考数学试题及解答.1949—1979	2018—01	38.00	877
历届中国高考数学试题及解答.第二卷,1980—1989	2018—10	28.00	975
历届中国高考数学试题及解答.第三卷,1990—1999	2018—10	48.00	976
跟我学解高中数学题	2018—07	58.00	926
中学数学研究的方法及案例	2018—05	58.00	869
高考数学抢分技能	2018—07	68.00	934
高一新生常用数学方法和重要数学思想提升教材	2018—06	38.00	921
高考数学全国卷六道解答题常考题型解题诀窍:理科(全2册)	2019—07	78.00	1101
高考数学全国卷16道选择、填空题常考题型解题诀窍.理科	2018—09	88.00	971
高考数学全国卷16道选择、填空题常考题型解题诀窍.文科	2020—01	88.00	1123
高中数学一题多解	2019—06	58.00	1087
历届中国高考数学试题及解答:1917—1999	2021—08	98.00	1371
2000~2003年全国及各省市高考数学试题及解答	2022—05	88.00	1499
2004年全国及各省市高考数学试题及解答	2023—08	78.00	1500
2005年全国及各省市高考数学试题及解答	2023—08	78.00	1501
2006年全国及各省市高考数学试题及解答	2023—08	88.00	1502
2007年全国及各省市高考数学试题及解答	2023—08	98.00	1503
2008年全国及各省市高考数学试题及解答	2023—08	88.00	1504
2009年全国及各省市高考数学试题及解答	2023—08	88.00	1505
2010年全国及各省市高考数学试题及解答	2023—08	98.00	1506
2011~2017年全国及各省市高考数学试题及解答	2024—01	78.00	1507
2018~2023年全国及各省市高考数学试题及解答	2024—03	78.00	1709
突破高原:高中数学解题思维探究	2021—08	48.00	1375
高考数学中的"取值范围"	2021—10	48.00	1429
新课程标准高中数学各种题型解法大全.必修一分册	2021—06	58.00	1315
新课程标准高中数学各种题型解法大全.必修二分册	2022—01	68.00	1471
高中数学各种题型解法大全.选择性必修一分册	2022—06	68.00	1525
高中数学各种题型解法大全.选择性必修二分册	2023—01	58.00	1600
高中数学各种题型解法大全.选择性必修三分册	2023—04	48.00	1643
历届全国初中数学竞赛经典试题详解	2023—04	88.00	1624
孟祥礼高考数学精刷精解	2023—06	98.00	1663

新编640个世界著名数学智力趣题	2014—01	88.00	242
500个最新世界著名数学智力趣题	2008—06	48.00	3
400个最新世界著名数学最值问题	2008—09	48.00	36
500个世界著名数学征解问题	2009—06	48.00	52
400个中国最佳初等数学征解老问题	2010—01	48.00	60
500个俄罗斯数学经典老题	2011—01	28.00	81
1000个国外中学物理好题	2012—04	48.00	174
300个日本高考数学题	2012—05	38.00	142
700个早期日本高考数学试题	2017—02	88.00	752
500个前苏联早期高考数学试题及解答	2012—05	28.00	185
546个早期俄罗斯大学生数学竞赛题	2014—03	38.00	285
548个来自美苏的数学好问题	2014—11	28.00	396
20所苏联著名大学早期入学试题	2015—02	18.00	452
161道德国工科大学生必做的微分方程习题	2015—05	28.00	469
500个德国工科大学生必做的高数习题	2015—06	28.00	478
360个数学竞赛问题	2016—08	58.00	677
200个趣味数学故事	2018—02	48.00	857
470个数学奥林匹克中的最值问题	2018—10	88.00	985
德国讲义日本考题.微积分卷	2015—04	48.00	456
德国讲义日本考题.微分方程卷	2015—04	38.00	457
二十世纪中叶中、英、美、日、法、俄高考数学试题精选	2017—06	38.00	783

书　名	出版时间	定　价	编号
中国初等数学研究　2009 卷(第 1 辑)	2009－05	20.00	45
中国初等数学研究　2010 卷(第 2 辑)	2010－05	30.00	68
中国初等数学研究　2011 卷(第 3 辑)	2011－07	60.00	127
中国初等数学研究　2012 卷(第 4 辑)	2012－07	48.00	190
中国初等数学研究　2014 卷(第 5 辑)	2014－02	48.00	288
中国初等数学研究　2015 卷(第 6 辑)	2015－06	68.00	493
中国初等数学研究　2016 卷(第 7 辑)	2016－04	68.00	609
中国初等数学研究　2017 卷(第 8 辑)	2017－01	98.00	712
初等数学研究在中国.第 1 辑	2019－03	158.00	1024
初等数学研究在中国.第 2 辑	2019－10	158.00	1116
初等数学研究在中国.第 3 辑	2021－05	158.00	1306
初等数学研究在中国.第 4 辑	2022－06	158.00	1520
初等数学研究在中国.第 5 辑	2023－07	158.00	1635
几何变换(Ⅰ)	2014－07	28.00	353
几何变换(Ⅱ)	2015－06	28.00	354
几何变换(Ⅲ)	2015－01	38.00	355
几何变换(Ⅳ)	2015－12	38.00	356
初等数论难题集(第一卷)	2009－05	68.00	44
初等数论难题集(第二卷)(上、下)	2011－02	128.00	82,83
数论概貌	2011－03	18.00	93
代数数论(第二版)	2013－08	58.00	94
代数多项式	2014－06	38.00	289
初等数论的知识与问题	2011－02	28.00	95
超越数论基础	2011－03	28.00	96
数论初等教程	2011－03	28.00	97
数论基础	2011－03	18.00	98
数论基础与维诺格拉多夫	2014－03	18.00	292
解析数论基础	2012－08	28.00	216
解析数论基础(第二版)	2014－01	48.00	287
解析数论问题集(第二版)(原版引进)	2014－05	88.00	343
解析数论问题集(第二版)(中译本)	2016－04	88.00	607
解析数论基础(潘承洞,潘承彪著)	2016－07	98.00	673
解析数论导引	2016－07	58.00	674
数论入门	2011－03	38.00	99
代数数论入门	2015－03	38.00	448
数论开篇	2012－07	28.00	194
解析数论引论	2011－03	48.00	100
Barban Davenport Halberstam 均值和	2009－01	40.00	33
基础数论	2011－03	28.00	101
初等数论 100 例	2011－05	18.00	122
初等数论经典例题	2012－07	18.00	204
最新世界各国数学奥林匹克中的初等数论试题(上、下)	2012－01	138.00	144,145
初等数论(Ⅰ)	2012－01	18.00	156
初等数论(Ⅱ)	2012－01	18.00	157
初等数论(Ⅲ)	2012－01	28.00	158

刘培杰数学工作室
已出版(即将出版)图书目录——初等数学

书　名	出版时间	定　价	编号
平面几何与数论中未解决的新老问题	2013—01	68.00	229
代数数论简史	2014—11	28.00	408
代数数论	2015—09	88.00	532
代数、数论及分析习题集	2016—11	98.00	695
数论导引提要及习题解答	2016—01	48.00	559
素数定理的初等证明.第2版	2016—09	48.00	686
数论中的模函数与狄利克雷级数(第二版)	2017—11	78.00	837
数论:数学导引	2018—01	68.00	849
范氏大代数	2019—02	98.00	1016
解析数学讲义.第一卷,导来式及微分、积分、级数	2019—04	88.00	1021
解析数学讲义.第二卷,关于几何的应用	2019—04	68.00	1022
解析数学讲义.第三卷,解析函数论	2019—04	78.00	1023
分析·组合·数论纵横谈	2019—04	58.00	1039
Hall代数:民国时期的中学数学课本:英文	2019—08	88.00	1106
基谢廖夫初等代数	2022—07	38.00	1531
数学精神巡礼	2019—01	58.00	731
数学眼光透视(第2版)	2017—06	78.00	732
数学思想领悟(第2版)	2018—01	68.00	733
数学方法溯源(第2版)	2018—08	68.00	734
数学解题引论	2017—05	58.00	735
数学史话览胜(第2版)	2017—01	48.00	736
数学应用展观(第2版)	2017—08	68.00	737
数学建模尝试	2018—04	48.00	738
数学竞赛采风	2018—01	68.00	739
数学测评探营	2019—05	58.00	740
数学技能操握	2018—03	48.00	741
数学欣赏拾趣	2018—02	48.00	742
从毕达哥拉斯到怀尔斯	2007—10	48.00	9
从迪利克雷到维斯卡尔迪	2008—01	48.00	21
从哥德巴赫到陈景润	2008—05	98.00	35
从庞加莱到佩雷尔曼	2011—08	138.00	136
博弈论精粹	2008—03	58.00	30
博弈论精粹.第二版(精装)	2015—01	88.00	461
数学 我爱你	2008—01	28.00	20
精神的圣徒　别样的人生——60位中国数学家成长的历程	2008—09	48.00	39
数学史概论	2009—06	78.00	50
数学史概论(精装)	2013—03	158.00	272
数学史选讲	2016—01	48.00	544
斐波那契数列	2010—02	28.00	65
数学拼盘和斐波那契魔方	2010—07	38.00	72
斐波那契数列欣赏(第2版)	2018—08	58.00	948
Fibonacci数列中的明珠	2018—06	58.00	928
数学的创造	2011—02	48.00	85
数学美与创造力	2016—01	48.00	595
数海拾贝	2016—01	48.00	590
数学中的美(第2版)	2019—04	68.00	1057
数论中的美学	2014—12	38.00	351

书　名	出版时间	定　价	编号
数学王者　科学巨人——高斯	2015—01	28.00	428
振兴祖国数学的圆梦之旅：中国初等数学研究史话	2015—06	98.00	490
二十世纪中国数学史料研究	2015—10	48.00	536
数字谜、数阵图与棋盘覆盖	2016—01	58.00	298
数学概念的进化：一个初步的研究	2023—07	68.00	1683
数学发现的艺术：数学探索中的合情推理	2016—07	58.00	671
活跃在数学中的参数	2016—07	48.00	675
数海趣史	2021—05	98.00	1314
玩转幻中之幻	2023—08	88.00	1682
数学艺术品	2023—09	98.00	1685
数学博弈与游戏	2023—10	68.00	1692
数学解题——靠数学思想给力（上）	2011—07	38.00	131
数学解题——靠数学思想给力（中）	2011—07	48.00	132
数学解题——靠数学思想给力（下）	2011—07	38.00	133
我怎样解题	2013—01	48.00	227
数学解题中的物理方法	2011—06	28.00	114
数学解题的特殊方法	2011—06	48.00	115
中学数学计算技巧（第2版）	2020—10	48.00	1220
中学数学证明方法	2012—01	58.00	117
数学趣题巧解	2012—03	28.00	128
高中数学教学通鉴	2015—05	58.00	479
和高中生漫谈：数学与哲学的故事	2014—08	28.00	369
算术问题集	2017—03	38.00	789
张教授讲数学	2018—07	38.00	933
陈永明实说数学教学	2020—04	68.00	1132
中学数学学科知识与教学能力	2020—06	58.00	1155
怎样把课讲好：大罕数学教学随笔	2022—03	58.00	1484
中国高考评价体系下高考数学探秘	2022—03	48.00	1487
数苑漫步	2024—01	58.00	1670
自主招生考试中的参数方程问题	2015—01	28.00	435
自主招生考试中的极坐标问题	2015—04	28.00	463
近年全国重点大学自主招生数学试题全解及研究.华约卷	2015—02	38.00	441
近年全国重点大学自主招生数学试题全解及研究.北约卷	2016—05	38.00	619
自主招生数学解证宝典	2015—09	48.00	535
中国科学技术大学创新班数学真题解析	2022—03	48.00	1488
中国科学技术大学创新班物理真题解析	2022—03	58.00	1489
格点和面积	2012—07	18.00	191
射影几何趣谈	2012—04	28.00	175
斯潘纳尔引理——从一道加拿大数学奥林匹克试题谈起	2014—01	28.00	228
李普希兹条件——从几道近年高考数学试题谈起	2012—10	18.00	221
拉格朗日中值定理——从一道北京高考试题的解法谈起	2015—10	18.00	197
闵科夫斯基定理——从一道清华大学自主招生试题谈起	2014—01	28.00	198
哈尔测度——从一道冬令营试题的背景谈起	2012—08	28.00	202
切比雪夫逼近问题——从一道中国台北数学奥林匹克试题谈起	2013—04	38.00	238
伯恩斯坦多项式与贝齐尔曲面——从一道全国高中数学联赛试题谈起	2013—03	38.00	236
卡塔兰猜想——从一道普特南竞赛试题谈起	2013—06	18.00	256
麦卡锡函数和阿克曼函数——从一道前南斯拉夫数学奥林匹克试题谈起	2012—08	18.00	201
贝蒂定理与拉格贝莫斯尔定理——从一个拣石子游戏谈起	2012—08	18.00	217
皮亚诺曲线和豪斯道夫分球定理——从无限集谈起	2012—08	18.00	211
平面凸图形与凸多面体	2012—10	28.00	218
斯坦因豪斯问题——从一道二十五省市自治区中学数学竞赛试题谈起	2012—07	18.00	196

刘培杰数学工作室
已出版(即将出版)图书目录——初等数学

书　名	出版时间	定　价	编号
纽结理论中的亚历山大多项式与琼斯多项式——从一道北京市高一数学竞赛试题谈起	2012—07	28.00	195
原则与策略——从波利亚"解题表"谈起	2013—04	38.00	244
转化与化归——从三大尺规作图不能问题谈起	2012—08	28.00	214
代数几何中的贝祖定理(第一版)——从一道 IMO 试题的解法谈起	2013—08	18.00	193
成功连贯理论与约当块理论——从一道比利时数学竞赛试题谈起	2012—04	18.00	180
素数判定与大数分解	2014—08	18.00	199
置换多项式及其应用	2012—10	18.00	220
椭圆函数与模函数——从一道美国加州大学洛杉矶分校(UCLA)博士资格考题谈起	2012—10	28.00	219
差分方程的拉格朗日方法——从一道 2011 年全国高考理科试题的解法谈起	2012—08	28.00	200
力学在几何中的一些应用	2013—01	38.00	240
从根式解到伽罗华理论	2020—01	48.00	1121
康托洛维奇不等式——从一道全国高中联赛试题谈起	2013—03	28.00	337
西格尔引理——从一道第 18 届 IMO 试题的解法谈起	即将出版		
罗斯定理——从一道前苏联数学竞赛试题谈起	即将出版		
拉克斯定理和阿廷定理——从一道 IMO 试题的解法谈起	2014—01	58.00	246
毕卡大定理——从一道美国大学数学竞赛试题谈起	2014—07	18.00	350
贝齐尔曲线——从一道全国高中联赛试题谈起	即将出版		
拉格朗日乘子定理——从一道 2005 年全国高中联赛试题的高等数学解法谈起	2015—05	28.00	480
雅可比定理——从一道日本数学奥林匹克试题谈起	2013—04	48.00	249
李天岩－约克定理——从一道波兰数学竞赛试题谈起	2014—06	28.00	349
受控理论与初等不等式:从一道 IMO 试题的解法谈起	2023—03	48.00	1601
布劳维不动点定理——从一道前苏联数学奥林匹克试题谈起	2014—01	38.00	273
伯恩赛德定理——从一道英国数学奥林匹克试题谈起	即将出版		
布查特－莫斯特定理——从一道上海市初中竞赛试题谈起	即将出版		
数论中的同余数问题——从一道普特南竞赛试题谈起	即将出版		
范·德蒙行列式——从一道美国数学奥林匹克试题谈起	即将出版		
中国剩余定理:总数法构建中国历史年表	2015—01	28.00	430
牛顿程序与方程求根——从一道全国高考试题解法谈起	即将出版		
库默尔定理——从一道 IMO 预选试题谈起	即将出版		
卢丁定理——从一道冬令营试题的解法谈起	即将出版		
沃斯滕霍姆定理——从一道 IMO 预选试题谈起	即将出版		
卡尔松不等式——从一道莫斯科数学奥林匹克试题谈起	即将出版		
信息论中的香农熵——从一道近年高考压轴题谈起	即将出版		
约当不等式——从一道希望杯竞赛试题谈起	即将出版		
拉比诺维奇定理	即将出版		
刘维尔定理——从一道《美国数学月刊》征解问题的解法谈起	即将出版		
卡塔兰恒等式与级数求和——从一道 IMO 试题的解法谈起	即将出版		
勒让德猜想与素数分布——从一道爱尔兰竞赛试题谈起	即将出版		
天平称重与信息论——从一道基辅市数学奥林匹克试题谈起	即将出版		
哈密尔顿－凯莱定理:从一道高中数学联赛试题的解法谈起	2014—09	18.00	376
艾思特曼定理——从一道 CMO 试题的解法谈起	即将出版		

刘培杰数学工作室
已出版(即将出版)图书目录——初等数学

书　名	出版时间	定　价	编号
阿贝尔恒等式与经典不等式及应用	2018—06	98.00	923
迪利克雷除数问题	2018—07	48.00	930
幻方、幻立方与拉丁方	2019—08	48.00	1092
帕斯卡三角形	2014—03	18.00	294
蒲丰投针问题——从2009年清华大学的一道自主招生试题谈起	2014—01	38.00	295
斯图姆定理——从一道"华约"自主招生试题的解法谈起	2014—01	18.00	296
许瓦兹引理——从一道加利福尼亚大学伯克利分校数学系博士生试题谈起	2014—08	18.00	297
拉姆塞定理——从王诗宬院士的一个问题谈起	2016—04	48.00	299
坐标法	2013—12	28.00	332
数论三角形	2014—04	38.00	341
毕克定理	2014—07	18.00	352
数林掠影	2014—09	48.00	389
我们周围的概率	2014—10	38.00	390
凸函数最值定理:从一道华约自主招生题的解法谈起	2014—10	28.00	391
易学与数学奥林匹克	2014—10	38.00	392
生物数学趣谈	2015—01	18.00	409
反演	2015—01	28.00	420
因式分解与圆锥曲线	2015—01	18.00	426
轨迹	2015—01	28.00	427
面积原理:从常庚哲命的一道CMO试题的积分解法谈起	2015—01	48.00	431
形形色色的不动点定理:从一道28届IMO试题谈起	2015—01	38.00	439
柯西函数方程:从一道上海交大自主招生的试题谈起	2015—02	28.00	440
三角恒等式	2015—02	28.00	442
无理性判定:从一道2014年"北约"自主招生试题谈起	2015—01	38.00	443
数学归纳法	2015—03	18.00	451
极端原理与解题	2015—04	28.00	464
法雷级数	2014—08	18.00	367
摆线族	2015—01	38.00	438
函数方程及其解法	2015—05	38.00	470
含参数的方程和不等式	2012—09	28.00	213
希尔伯特第十问题	2016—01	38.00	543
无穷小量的求和	2016—01	28.00	545
切比雪夫多项式:从一道清华大学金秋营试题谈起	2016—01	38.00	583
泽肯多夫定理	2016—03	38.00	599
代数等式证题法	2016—01	28.00	600
三角等式证题法	2016—01	28.00	601
吴大任教授藏书中的一个因式分解公式:从一道美国数学邀请赛试题的解法谈起	2016—06	28.00	656
易卦——类万物的数学模型	2017—08	68.00	838
"不可思议"的数与数系可持续发展	2018—01	38.00	878
最短线	2018—01	38.00	879
数学在天文、地理、光学、机械力学中的一些应用	2023—03	88.00	1576
从阿基米德三角形谈起	2023—01	28.00	1578
幻方和魔方(第一卷)	2012—05	68.00	173
尘封的经典——初等数学经典文献选读(第一卷)	2012—07	48.00	205
尘封的经典——初等数学经典文献选读(第二卷)	2012—07	38.00	206
初级方程式论	2011—03	28.00	106
初等数学研究(Ⅰ)	2008—09	68.00	37
初等数学研究(Ⅱ)(上、下)	2009—05	118.00	46,47
初等数学专题研究	2022—10	68.00	1568

刘培杰数学工作室
已出版(即将出版)图书目录——初等数学

书　名	出版时间	定　价	编号
趣味初等方程妙题集锦	2014—09	48.00	388
趣味初等数论选美与欣赏	2015—02	48.00	445
耕读笔记(上卷):一位农民数学爱好者的初数探索	2015—04	28.00	459
耕读笔记(中卷):一位农民数学爱好者的初数探索	2015—05	28.00	483
耕读笔记(下卷):一位农民数学爱好者的初数探索	2015—05	28.00	484
几何不等式研究与欣赏.上卷	2016—01	88.00	547
几何不等式研究与欣赏.下卷	2016—01	48.00	552
初等数列研究与欣赏·上	2016—01	48.00	570
初等数列研究与欣赏·下	2016—01	48.00	571
趣味初等函数研究与欣赏.上	2016—09	48.00	684
趣味初等函数研究与欣赏.下	2018—09	48.00	685
三角不等式研究与欣赏	2020—10	68.00	1197
新编平面解析几何解题方法研究与欣赏	2021—10	78.00	1426
火柴游戏(第2版)	2022—05	38.00	1493
智力解谜.第1卷	2017—07	38.00	613
智力解谜.第2卷	2017—07	38.00	614
故事智力	2016—07	48.00	615
名人们喜欢的智力问题	2020—01	48.00	616
数学大师的发现、创造与失误	2018—01	48.00	617
异曲同工	2018—09	48.00	618
数学的味道(第2版)	2023—10	68.00	1686
数学千字文	2018—10	68.00	977
数贝偶拾——高考数学题研究	2014—04	28.00	274
数贝偶拾——初等数学研究	2014—04	38.00	275
数贝偶拾——奥数题研究	2014—04	48.00	276
钱昌本教你快乐学数学(上)	2011—12	48.00	155
钱昌本教你快乐学数学(下)	2012—03	58.00	171
集合、函数与方程	2014—01	28.00	300
数列与不等式	2014—01	38.00	301
三角与平面向量	2014—01	28.00	302
平面解析几何	2014—01	38.00	303
立体几何与组合	2014—01	28.00	304
极限与导数、数学归纳法	2014—01	38.00	305
趣味数学	2014—03	28.00	306
教材教法	2014—04	68.00	307
自主招生	2014—05	58.00	308
高考压轴题(上)	2015—01	48.00	309
高考压轴题(下)	2014—10	68.00	310
从费马到怀尔斯——费马大定理的历史	2013—10	198.00	I
从庞加莱到佩雷尔曼——庞加莱猜想的历史	2013—10	298.00	II
从切比雪夫到爱尔特希(上)——素数定理的初等证明	2013—07	48.00	III
从切比雪夫到爱尔特希(下)——素数定理100年	2012—12	98.00	III
从高斯到盖尔方特——二次域的高斯猜想	2013—10	198.00	IV
从库默尔到朗兰兹——朗兰兹猜想的历史	2014—01	98.00	V
从比勃巴赫到德布朗斯——比勃巴赫猜想的历史	2014—02	298.00	VI
从麦比乌斯到陈省身——麦比乌斯变换与麦比乌斯带	2014—02	298.00	VII
从布尔到豪斯道夫——布尔方程与格论漫谈	2013—10	198.00	VIII
从开普勒到阿诺德——三体问题的历史	2014—05	298.00	IX
从华林到华罗庚——华林问题的历史	2013—10	298.00	X

刘培杰数学工作室
已出版(即将出版)图书目录——初等数学

书　　名	出版时间	定　价	编号
美国高中数学竞赛五十讲.第1卷(英文)	2014－08	28.00	357
美国高中数学竞赛五十讲.第2卷(英文)	2014－08	28.00	358
美国高中数学竞赛五十讲.第3卷(英文)	2014－09	28.00	359
美国高中数学竞赛五十讲.第4卷(英文)	2014－09	28.00	360
美国高中数学竞赛五十讲.第5卷(英文)	2014－10	28.00	361
美国高中数学竞赛五十讲.第6卷(英文)	2014－11	28.00	362
美国高中数学竞赛五十讲.第7卷(英文)	2014－12	28.00	363
美国高中数学竞赛五十讲.第8卷(英文)	2015－01	28.00	364
美国高中数学竞赛五十讲.第9卷(英文)	2015－01	28.00	365
美国高中数学竞赛五十讲.第10卷(英文)	2015－02	38.00	366
三角函数(第2版)	2017－04	38.00	626
不等式	2014－01	38.00	312
数列	2014－01	38.00	313
方程(第2版)	2017－04	38.00	624
排列和组合	2014－01	28.00	315
极限与导数(第2版)	2016－04	38.00	635
向量(第2版)	2018－08	58.00	627
复数及其应用	2014－08	28.00	318
函数	2014－01	38.00	319
集合	2020－01	48.00	320
直线与平面	2014－01	28.00	321
立体几何(第2版)	2016－04	38.00	629
解三角形	即将出版		323
直线与圆(第2版)	2016－11	38.00	631
圆锥曲线(第2版)	2016－09	48.00	632
解题通法(一)	2014－07	38.00	326
解题通法(二)	2014－07	38.00	327
解题通法(三)	2014－05	38.00	328
概率与统计	2014－01	28.00	329
信息迁移与算法	即将出版		330
IMO 50 年.第 1 卷(1959－1963)	2014－11	28.00	377
IMO 50 年.第 2 卷(1964－1968)	2014－11	28.00	378
IMO 50 年.第 3 卷(1969－1973)	2014－09	28.00	379
IMO 50 年.第 4 卷(1974－1978)	2016－04	38.00	380
IMO 50 年.第 5 卷(1979－1984)	2015－04	38.00	381
IMO 50 年.第 6 卷(1985－1989)	2015－04	58.00	382
IMO 50 年.第 7 卷(1990－1994)	2016－01	48.00	383
IMO 50 年.第 8 卷(1995－1999)	2016－06	38.00	384
IMO 50 年.第 9 卷(2000－2004)	2015－04	58.00	385
IMO 50 年.第 10 卷(2005－2009)	2016－01	48.00	386
IMO 50 年.第 11 卷(2010－2015)	2017－03	48.00	646

书　　名	出版时间	定　价	编号
数学反思(2006—2007)	2020—09	88.00	915
数学反思(2008—2009)	2019—01	68.00	917
数学反思(2010—2011)	2018—05	58.00	916
数学反思(2012—2013)	2019—01	58.00	918
数学反思(2014—2015)	2019—03	78.00	919
数学反思(2016—2017)	2021—03	58.00	1286
数学反思(2018—2019)	2023—01	88.00	1593
历届美国大学生数学竞赛试题集.第一卷(1938—1949)	2015—01	28.00	397
历届美国大学生数学竞赛试题集.第二卷(1950—1959)	2015—01	28.00	398
历届美国大学生数学竞赛试题集.第三卷(1960—1969)	2015—01	28.00	399
历届美国大学生数学竞赛试题集.第四卷(1970—1979)	2015—01	18.00	400
历届美国大学生数学竞赛试题集.第五卷(1980—1989)	2015—01	28.00	401
历届美国大学生数学竞赛试题集.第六卷(1990—1999)	2015—01	28.00	402
历届美国大学生数学竞赛试题集.第七卷(2000—2009)	2015—08	18.00	403
历届美国大学生数学竞赛试题集.第八卷(2010—2012)	2015—01	18.00	404
新课标高考数学创新题解题诀窍:总论	2014—09	28.00	372
新课标高考数学创新题解题诀窍:必修1～5分册	2014—08	38.00	373
新课标高考数学创新题解题诀窍:选修2—1,2—2,1—1,1—2分册	2014—09	38.00	374
新课标高考数学创新题解题诀窍:选修2—3,4—4,4—5分册	2014—09	18.00	375
全国重点大学自主招生英文数学试题全攻略:词汇卷	2015—07	48.00	410
全国重点大学自主招生英文数学试题全攻略:概念卷	2015—01	28.00	411
全国重点大学自主招生英文数学试题全攻略:文章选读卷(上)	2016—09	38.00	412
全国重点大学自主招生英文数学试题全攻略:文章选读卷(下)	2017—01	58.00	413
全国重点大学自主招生英文数学试题全攻略:试题卷	2015—07	38.00	414
全国重点大学自主招生英文数学试题全攻略:名著欣赏卷	2017—03	48.00	415
劳埃德数学趣题大全.题目卷.1:英文	2016—01	18.00	516
劳埃德数学趣题大全.题目卷.2:英文	2016—01	18.00	517
劳埃德数学趣题大全.题目卷.3:英文	2016—01	18.00	518
劳埃德数学趣题大全.题目卷.4:英文	2016—01	18.00	519
劳埃德数学趣题大全.题目卷.5:英文	2016—01	18.00	520
劳埃德数学趣题大全.答案卷:英文	2016—01	18.00	521
李成章教练奥数笔记.第1卷	2016—01	48.00	522
李成章教练奥数笔记.第2卷	2016—01	48.00	523
李成章教练奥数笔记.第3卷	2016—01	38.00	524
李成章教练奥数笔记.第4卷	2016—01	38.00	525
李成章教练奥数笔记.第5卷	2016—01	38.00	526
李成章教练奥数笔记.第6卷	2016—01	38.00	527
李成章教练奥数笔记.第7卷	2016—01	38.00	528
李成章教练奥数笔记.第8卷	2016—01	48.00	529
李成章教练奥数笔记.第9卷	2016—01	28.00	530

刘培杰数学工作室
已出版(即将出版)图书目录——初等数学

书 名	出版时间	定 价	编号
第19~23届"希望杯"全国数学邀请赛试题审题要津详细评注(初一版)	2014—03	28.00	333
第19~23届"希望杯"全国数学邀请赛试题审题要津详细评注(初二、初三版)	2014—03	38.00	334
第19~23届"希望杯"全国数学邀请赛试题审题要津详细评注(高一版)	2014—03	28.00	335
第19~23届"希望杯"全国数学邀请赛试题审题要津详细评注(高二版)	2014—03	38.00	336
第19~25届"希望杯"全国数学邀请赛试题审题要津详细评注(初一版)	2015—01	38.00	416
第19~25届"希望杯"全国数学邀请赛试题审题要津详细评注(初二、初三版)	2015—01	58.00	417
第19~25届"希望杯"全国数学邀请赛试题审题要津详细评注(高一版)	2015—01	48.00	418
第19~25届"希望杯"全国数学邀请赛试题审题要津详细评注(高二版)	2015—01	48.00	419
物理奥林匹克竞赛大题典——力学卷	2014—11	48.00	405
物理奥林匹克竞赛大题典——热学卷	2014—04	28.00	339
物理奥林匹克竞赛大题典——电磁学卷	2015—07	48.00	406
物理奥林匹克竞赛大题典——光学与近代物理卷	2014—06	28.00	345
历届中国东南地区数学奥林匹克试题集(2004~2012)	2014—06	18.00	346
历届中国西部地区数学奥林匹克试题集(2001~2012)	2014—07	18.00	347
历届中国女子数学奥林匹克试题集(2002~2012)	2014—08	18.00	348
数学奥林匹克在中国	2014—06	98.00	344
数学奥林匹克问题集	2014—01	38.00	267
数学奥林匹克不等式散论	2010—06	38.00	124
数学奥林匹克不等式欣赏	2011—09	38.00	138
数学奥林匹克超级题库(初中卷上)	2010—01	58.00	66
数学奥林匹克不等式证明方法和技巧(上、下)	2011—08	158.00	134,135
他们学什么:原民主德国中学数学课本	2016—09	38.00	658
他们学什么:英国中学数学课本	2016—09	38.00	659
他们学什么:法国中学数学课本.1	2016—09	38.00	660
他们学什么:法国中学数学课本.2	2016—09	28.00	661
他们学什么:法国中学数学课本.3	2016—09	38.00	662
他们学什么:苏联中学数学课本	2016—09	28.00	679
高中数学题典——集合与简易逻辑·函数	2016—07	48.00	647
高中数学题典——导数	2016—07	48.00	648
高中数学题典——三角函数·平面向量	2016—07	48.00	649
高中数学题典——数列	2016—07	58.00	650
高中数学题典——不等式·推理与证明	2016—07	38.00	651
高中数学题典——立体几何	2016—07	48.00	652
高中数学题典——平面解析几何	2016—07	78.00	653
高中数学题典——计数原理·统计·概率·复数	2016—07	48.00	654
高中数学题典——算法·平面几何·初等数论·组合数学·其他	2016—07	68.00	655

刘培杰数学工作室
已出版(即将出版)图书目录——初等数学

书　　名	出版时间	定　价	编号
台湾地区奥林匹克数学竞赛试题.小学一年级	2017—03	38.00	722
台湾地区奥林匹克数学竞赛试题.小学二年级	2017—03	38.00	723
台湾地区奥林匹克数学竞赛试题.小学三年级	2017—03	38.00	724
台湾地区奥林匹克数学竞赛试题.小学四年级	2017—03	38.00	725
台湾地区奥林匹克数学竞赛试题.小学五年级	2017—03	38.00	726
台湾地区奥林匹克数学竞赛试题.小学六年级	2017—03	38.00	727
台湾地区奥林匹克数学竞赛试题.初中一年级	2017—03	38.00	728
台湾地区奥林匹克数学竞赛试题.初中二年级	2017—03	38.00	729
台湾地区奥林匹克数学竞赛试题.初中三年级	2017—03	28.00	730
不等式证题法	2017—04	28.00	747
平面几何培优教程	2019—08	88.00	748
奥数鼎级培优教程.高一分册	2018—09	88.00	749
奥数鼎级培优教程.高二分册.上	2018—04	68.00	750
奥数鼎级培优教程.高二分册.下	2018—04	68.00	751
高中数学竞赛冲刺宝典	2019—04	68.00	883
初中尖子生数学超级题典.实数	2017—07	58.00	792
初中尖子生数学超级题典.式、方程与不等式	2017—08	58.00	793
初中尖子生数学超级题典.圆、面积	2017—08	38.00	794
初中尖子生数学超级题典.函数、逻辑推理	2017—08	48.00	795
初中尖子生数学超级题典.角、线段、三角形与多边形	2017—07	58.00	796
数学王子——高斯	2018—01	48.00	858
坎坷奇星——阿贝尔	2018—01	48.00	859
闪烁奇星——伽罗瓦	2018—01	58.00	860
无穷统帅——康托尔	2018—01	48.00	861
科学公主——柯瓦列夫斯卡娅	2018—01	48.00	862
抽象代数之母——埃米·诺特	2018—01	48.00	863
电脑先驱——图灵	2018—01	58.00	864
昔日神童——维纳	2018—01	48.00	865
数坛怪侠——爱尔特希	2018—01	68.00	866
传奇数学家徐利治	2019—09	88.00	1110
当代世界中的数学.数学思想与数学基础	2019—01	38.00	892
当代世界中的数学.数学问题	2019—01	38.00	893
当代世界中的数学.应用数学与数学应用	2019—01	38.00	894
当代世界中的数学.数学王国的新疆域(一)	2019—01	38.00	895
当代世界中的数学.数学王国的新疆域(二)	2019—01	38.00	896
当代世界中的数学.数林撷英(一)	2019—01	38.00	897
当代世界中的数学.数林撷英(二)	2019—01	48.00	898
当代世界中的数学.数学之路	2019—01	38.00	899

书 名	出版时间	定 价	编号
105 个代数问题:来自 AwesomeMath 夏季课程	2019—02	58.00	956
106 个几何问题:来自 AwesomeMath 夏季课程	2020—07	58.00	957
107 个几何问题:来自 AwesomeMath 全年课程	2020—07	58.00	958
108 个代数问题:来自 AwesomeMath 全年课程	2019—01	68.00	959
109 个不等式:来自 AwesomeMath 夏季课程	2019—04	58.00	960
110 个几何问题:选自各国数学奥林匹克竞赛	2024—04	58.00	961
111 个代数和数论问题	2019—05	58.00	962
112 个组合问题:来自 AwesomeMath 夏季课程	2019—05	58.00	963
113 个几何不等式:来自 AwesomeMath 夏季课程	2020—08	58.00	964
114 个指数和对数问题:来自 AwesomeMath 夏季课程	2019—09	48.00	965
115 个三角问题:来自 AwesomeMath 夏季课程	2019—09	58.00	966
116 个代数不等式:来自 AwesomeMath 全年课程	2019—04	58.00	967
117 个多项式问题:来自 AwesomeMath 夏季课程	2021—09	58.00	1409
118 个数学竞赛不等式	2022—08	78.00	1526
紫色彗星国际数学竞赛试题	2019—02	58.00	999
数学竞赛中的数学:为数学爱好者、父母、教师和教练准备的丰富资源.第一部	2020—04	58.00	1141
数学竞赛中的数学:为数学爱好者、父母、教师和教练准备的丰富资源.第二部	2020—07	48.00	1142
和与积	2020—10	38.00	1219
数论:概念和问题	2020—12	68.00	1257
初等数学问题研究	2021—03	48.00	1270
数学奥林匹克中的欧几里得几何	2021—10	68.00	1413
数学奥林匹克题解新编	2022—01	58.00	1430
图论入门	2022—09	58.00	1554
新的、更新的、最新的不等式	2023—07	58.00	1650
数学竞赛中奇妙的多项式	2024—01	78.00	1646
120 个奇妙的代数问题及 20 个奖励问题	2024—04	48.00	1647
澳大利亚中学数学竞赛试题及解答(初级卷)1978～1984	2019—02	28.00	1002
澳大利亚中学数学竞赛试题及解答(初级卷)1985～1991	2019—02	28.00	1003
澳大利亚中学数学竞赛试题及解答(初级卷)1992～1998	2019—02	28.00	1004
澳大利亚中学数学竞赛试题及解答(初级卷)1999～2005	2019—02	28.00	1005
澳大利亚中学数学竞赛试题及解答(中级卷)1978～1984	2019—03	28.00	1006
澳大利亚中学数学竞赛试题及解答(中级卷)1985～1991	2019—03	28.00	1007
澳大利亚中学数学竞赛试题及解答(中级卷)1992～1998	2019—03	28.00	1008
澳大利亚中学数学竞赛试题及解答(中级卷)1999～2005	2019—03	28.00	1009
澳大利亚中学数学竞赛试题及解答(高级卷)1978～1984	2019—05	28.00	1010
澳大利亚中学数学竞赛试题及解答(高级卷)1985～1991	2019—05	28.00	1011
澳大利亚中学数学竞赛试题及解答(高级卷)1992～1998	2019—05	28.00	1012
澳大利亚中学数学竞赛试题及解答(高级卷)1999～2005	2019—05	28.00	1013
天才中小学生智力测验题.第一卷	2019—03	38.00	1026
天才中小学生智力测验题.第二卷	2019—03	38.00	1027
天才中小学生智力测验题.第三卷	2019—03	38.00	1028
天才中小学生智力测验题.第四卷	2019—03	38.00	1029
天才中小学生智力测验题.第五卷	2019—03	38.00	1030
天才中小学生智力测验题.第六卷	2019—03	38.00	1031
天才中小学生智力测验题.第七卷	2019—03	38.00	1032
天才中小学生智力测验题.第八卷	2019—03	38.00	1033
天才中小学生智力测验题.第九卷	2019—03	38.00	1034
天才中小学生智力测验题.第十卷	2019—03	38.00	1035
天才中小学生智力测验题.第十一卷	2019—03	38.00	1036
天才中小学生智力测验题.第十二卷	2019—03	38.00	1037
天才中小学生智力测验题.第十三卷	2019—03	38.00	1038

刘培杰数学工作室
已出版(即将出版)图书目录——初等数学

书 名	出版时间	定 价	编号
重点大学自主招生数学备考全书:函数	2020—05	48.00	1047
重点大学自主招生数学备考全书:导数	2020—08	48.00	1048
重点大学自主招生数学备考全书:数列与不等式	2019—10	78.00	1049
重点大学自主招生数学备考全书:三角函数与平面向量	2020—08	68.00	1050
重点大学自主招生数学备考全书:平面解析几何	2020—07	58.00	1051
重点大学自主招生数学备考全书:立体几何与平面几何	2019—08	48.00	1052
重点大学自主招生数学备考全书:排列组合·概率统计·复数	2019—09	48.00	1053
重点大学自主招生数学备考全书:初等数论与组合数学	2019—08	48.00	1054
重点大学自主招生数学备考全书:重点大学自主招生真题.上	2019—04	68.00	1055
重点大学自主招生数学备考全书:重点大学自主招生真题.下	2019—04	58.00	1056
高中数学竞赛培训教程:平面几何问题的求解方法与策略.上	2018—05	68.00	906
高中数学竞赛培训教程:平面几何问题的求解方法与策略.下	2018—06	78.00	907
高中数学竞赛培训教程:整除与同余以及不定方程	2018—01	88.00	908
高中数学竞赛培训教程:组合计数与组合极值	2018—04	48.00	909
高中数学竞赛培训教程:初等代数	2019—04	78.00	1042
高中数学讲座:数学竞赛基础教程(第一册)	2019—06	48.00	1094
高中数学讲座:数学竞赛基础教程(第二册)	即将出版		1095
高中数学讲座:数学竞赛基础教程(第三册)	即将出版		1096
高中数学讲座:数学竞赛基础教程(第四册)	即将出版		1097
新编中学数学解题方法1000招丛书.实数(初中版)	2022—05	58.00	1291
新编中学数学解题方法1000招丛书.式(初中版)	2022—05	48.00	1292
新编中学数学解题方法1000招丛书.方程与不等式(初中版)	2021—04	58.00	1293
新编中学数学解题方法1000招丛书.函数(初中版)	2022—05	38.00	1294
新编中学数学解题方法1000招丛书.角(初中版)	2022—05	48.00	1295
新编中学数学解题方法1000招丛书.线段(初中版)	2022—05	48.00	1296
新编中学数学解题方法1000招丛书.三角形与多边形(初中版)	2021—04	48.00	1297
新编中学数学解题方法1000招丛书.圆(初中版)	2022—05	48.00	1298
新编中学数学解题方法1000招丛书.面积(初中版)	2021—07	28.00	1299
新编中学数学解题方法1000招丛书.逻辑推理(初中版)	2022—06	48.00	1300
高中数学题典精编.第一辑.函数	2022—01	58.00	1444
高中数学题典精编.第一辑.导数	2022—01	68.00	1445
高中数学题典精编.第一辑.三角函数·平面向量	2022—01	68.00	1446
高中数学题典精编.第一辑.数列	2022—01	58.00	1447
高中数学题典精编.第一辑.不等式·推理与证明	2022—01	58.00	1448
高中数学题典精编.第一辑.立体几何	2022—01	58.00	1449
高中数学题典精编.第一辑.平面解析几何	2022—01	68.00	1450
高中数学题典精编.第一辑.统计·概率·平面几何	2022—01	58.00	1451
高中数学题典精编.第一辑.初等数论·组合数学·数学文化·解题方法	2022—01	58.00	1452
历届全国初中数学竞赛试题分类解析.初等代数	2022—09	98.00	1555
历届全国初中数学竞赛试题分类解析.初等数论	2022—09	48.00	1556
历届全国初中数学竞赛试题分类解析.平面几何	2022—09	38.00	1557
历届全国初中数学竞赛试题分类解析.组合	2022—09	38.00	1558

刘培杰数学工作室

已出版(即将出版)图书目录——初等数学

书　　名	出版时间	定　价	编号
从三道高三数学模拟题的背景谈起:兼谈傅里叶三角级数	2023—03	48.00	1651
从一道日本东京大学的入学试题谈起:兼谈π的方方面面	即将出版		1652
从两道2021年福建高三数学测试题谈起:兼谈球面几何学与球面三角学	即将出版		1653
从一道湖南高考数学试题谈起:兼谈有界变差数列	2024—01	48.00	1654
从一道高校自主招生试题谈起:兼谈詹森函数方程	即将出版		1655
从一道上海高考数学试题谈起:兼谈有界变差函数	即将出版		1656
从一道北京大学金秋营数学试题的解法谈起:兼谈伽罗瓦理论	即将出版		1657
从一道北京高考数学试题的解法谈起:兼谈毕克定理	即将出版		1658
从一道北京大学金秋营数学试题的解法谈起:兼谈帕塞瓦尔恒等式	即将出版		1659
从一道高三数学模拟测试题的背景谈起:兼谈等周问题与等周不等式	即将出版		1660
从一道2020年全国高考数学试题的解法谈起:兼谈斐波那契数列和纳卡穆拉定理及奥斯图达定理	即将出版		1661
从一道高考数学附加题谈起:兼谈广义斐波那契数列	即将出版		1662
代数学教程.第一卷,集合论	2023—08	58.00	1664
代数学教程.第二卷,抽象代数基础	2023—08	68.00	1665
代数学教程.第三卷,数论原理	2023—08	58.00	1666
代数学教程.第四卷,代数方程式论	2023—08	48.00	1667
代数学教程.第五卷,多项式理论	2023—08	58.00	1668

联系地址:哈尔滨市南岗区复华四道街10号　哈尔滨工业大学出版社刘培杰数学工作室
邮　　编:150006
联系电话:0451—86281378　　　13904613167
E-mail:lpj1378@163.com